新版

要素障害
診断事典

清水武
JA全農肥料農薬部

［著］

農文協

はじめに

　わが国の農業就業人口は減少の一途をたどり，一方で農家の大規模化が進行しています。農家1戸当たりの耕地面積が拡大するにつれ，きめ細やかな栽培管理が難しくなり，肥培管理の徹底や，土壌診断を踏まえた土つくりなどが疎かになる傾向があります。そのため，要素の欠乏や過剰による作物の障害がより拡大し，複雑化しているのが現状です。

　作物に発生する要素障害の診断は，昔から作物の栄養状態を診る指標として，経験と推測で実施されてきました。要素を過不足のない状態にするには，作物を日々観察し，初期段階のわずかな異変をとらえて要因をつきとめ，迅速に対処するのが最良の策です。

　平成2年に『原色要素障害診断事典』を発行しました。作物別・要素別症状例が豊富なカラー写真と症状や診断のポイントを示すイラストにより，これまでの熟練に頼る診断から，営農指導員や生産者でも精度の高い診断が可能になる資料を掲載しました。その後約30年が経過し，このたびさらに内容を充実させた新版を発行しました。

　写真をできるだけ多く収録するとともに大きくし，障害特徴を見やすくしたことにより，主要な園芸作物の要素欠乏症，過剰症の特徴を画像で容易に確認することができます。また，肥料関係の項目を新たに加え，要素障害対策の実用的な対応方法を示しました。農業現場での迅速かつ正確な要素診断により作物の生育が改善され，生産者の所得向上に貢献できることを期待します。

　最後に，診断資料の作成にあたってご理解とご協力をいただいた関係者の皆さま，写真をご提供いただいた内山知二，松井巌，高辻豊二，和田英雄の各氏，発行元の農文協に厚くお礼申し上げます。

平成30年6月

清水　武／JA全農肥料農薬部

目 次

はじめに ……………………………………〈1〉
目　次 ……………………………………〈2〉

◆ 作物別　欠乏・過剰症状の特徴 ── カラー／図解

普通作物

水　稲 ………………………… 1 ／ 130　　小　麦 ………………………… 4 ／ 131
大　麦 ………………………… 7 ／ 132　　トウモロコシ ………………… 10 ／ 133

野菜・果菜類

トマト ………………………… 13 ／ 134　　ナ　ス ………………………… 16 ／ 136
ピーマン ……………………… 19 ／ 137　　キュウリ ……………………… 22 ／ 138
スイカ ………………………… 26 ／ 139　　メロン ………………………… 29 ／ 140
カボチャ ……………………… 32 ／ 141　　イチゴ ………………………… 35 ／ 142
オクラ ………………………… 38 ／ 143　　エンドウ ……………………… 40 ／ 144
エダマメ（ダイズ） ………… 43 ／ 145

野菜・葉菜類

キャベツ ……………………… 46 ／ 146　　ハクサイ ……………………… 49 ／ 147
コマツナ ……………………… 52 ／ 148　　チンゲンサイ ………………… 54 ／ 149
シロナ ………………………… 56 ／ 150　　ホウレンソウ ………………… 59 ／ 151
シュンギク …………………… 62 ／ 152　　レタス ………………………… 64 ／ 153
セルリー ……………………… 66 ／ 154　　ミツバ ………………………… 69 ／ 155
パセリ ………………………… 72 ／ 156　　シ　ソ ………………………… 74 ／ 157
カリフラワー／ブロッコリー … 77 ／ 158　　ネ　ギ ………………………… 80 ／ 159
タマネギ ……………………… 82 ／ 160　　フ　キ ………………………… 84 ／ 161

野菜・根菜類

ダイコン ……………………… 85 ／ 162　　カ　ブ ………………………… 88 ／ 163
ニンジン ……………………… 90 ／ 164　　ゴボウ ………………………… 93 ／ 165
ジャガイモ …………………… 96 ／ 166　　クワイ ………………………… 99 ／ 167
サトイモ ……………………… 100 ／ 167

果　樹

ミカン	102／168	ブドウ	104／169
リンゴ	106／170	ナ　シ	107／171
イチジク	108／172		

花　き

キ　ク	109／173	パンジー	112／174
カーネーション	114／175	ヒマワリ	116／176
ヒャクニチソウ	118／177	ストック	120／178
キンセンカ	122／179	スイトピー	124／180
マリーゴールド	126／181	シクラメン	127／181
アスター	128／182		

緑化用樹（図解のみ）

チッソ欠乏症 …………………………………… 183

　トベラ／イチョウ／キョウチクトウ／マツ／クチナシ／ツツジ／ナルコユリ

マグネシウム欠乏症 …………………………… 184

　ボタン／キンモクセイ／バラ／サザンカ／マテバシイ／トベラ／ナツメ／トラノオ

鉄欠乏症 ………………………………………… 185

　アジサイ／サツキ／バラ／クチナシ

マンガン欠乏症 ………………………………… 186

　クチナシ／ボタン／ヒメリンゴ／ナンテン／キンモクセイ／アジサイ／ヤマブキ

◆ 障害の診断と対策 …………………………… 187

要素別　症状・発生条件・対策 ……………………… 188

　1. チッソ ………………………………………… 188
　　(1)チッソ欠乏 ……………………………… 188
　　(2)チッソ過剰 ……………………………… 188
　2. リ　ン ………………………………………… 189
　　(1)リン欠乏 ………………………………… 189
　　(2)リン過剰 ………………………………… 190
　3. カリウム ……………………………………… 190
　　(1)カリウム欠乏 …………………………… 190
　　(2)カリウム過剰 …………………………… 191
　4. カルシウム …………………………………… 191
　　(1)カルシウム欠乏 ………………………… 191
　　(2)カルシウム過剰 ………………………… 191

5. マグネシウム ……………………………………………… 192
(1)マグネシウム欠乏 ……………………………………… 192
(2)マグネシウム過剰 ……………………………………… 193
6. イオウ ………………………………………………………… 193
(1)イオウ欠乏 ………………………………………………… 193
(2)イオウ過剰 ………………………………………………… 193
7. 鉄 ……………………………………………………………… 194
(1)鉄欠乏 ……………………………………………………… 194
(2)鉄過剰 ……………………………………………………… 194
8. マンガン ……………………………………………………… 195
(1)マンガン欠乏 ……………………………………………… 195
(2)マンガン過剰 ……………………………………………… 195
9. 銅 ……………………………………………………………… 196
(1)銅欠乏 ……………………………………………………… 196
(2)銅過剰 ……………………………………………………… 197
10. 亜　鉛 ………………………………………………………… 197
(1)亜鉛欠乏 …………………………………………………… 197
(2)亜鉛過剰 …………………………………………………… 198
11. ホウ素 ………………………………………………………… 198
(1)ホウ素欠乏 ………………………………………………… 198
(2)ホウ素過剰 ………………………………………………… 199
12. モリブデン …………………………………………………… 199
(1)モリブデン欠乏 …………………………………………… 199
(2)モリブデン過剰 …………………………………………… 200

障害の診断・調査法 ………………………………………… 201
1. 要素障害と診断法の基礎 ………………………………… 201
(1)診断の目的 ………………………………………………… 201
(2)診断の方法 ………………………………………………… 202
①外観症状による診断法 …………………………………… 202
②要素施用法 ………………………………………………… 203
③養分含量による診断法 …………………………………… 204
④その他の方法 ……………………………………………… 204
代謝物質あるいは代謝異常物質による診断法 ………… 204
葉色による診断法 ………………………………………… 207
2. 要素障害の現地調査方法と発生要因およびその基本対策 ………… 207
(1)要素障害か否かの判別と現地調査方法 ………………… 207
①障害の発生 ………………………………………………… 208
②現地調査(障害の発生状況調査) ……………………… 208
発生状況の調査 …………………………………………… 208
障害症状の観察 …………………………………………… 208

肥培管理など栽培条件の整理 ……………………………………… 209
気象条件の調査 …………………………………………………… 209
③障害の判別 ………………………………………………………… 209
④診断（原因究明の実施・障害要因の判定）…………………… 210
⑤診断結果の活用 …………………………………………………… 210
⑥診断結果の確認 …………………………………………………… 210

3. 要素障害の発生要因とその対策 …………………………………… 211
（1）土耕栽培での要素障害発生要因とその対策 …………………… 211
①要素障害の発生要因 …………………………………………… 211
②土耕栽培で発生しやすい要素障害 …………………………… 212
③障害の軽減除去対策 …………………………………………… 212
（2）養液栽培での要素障害発生要因とその対策 …………………… 212
①障害の発生要因 ………………………………………………… 212
②養液栽培で発生しやすい要素障害 …………………………… 213
③障害の軽減除去対策 …………………………………………… 213

4. 作物は土壌養分のバイオセンサー ………………………………… 215
5. 要素障害と紛らわしい障害 ………………………………………… 215

現地での発生の特徴 ……………………………………………………… 218
1. 普通作物 ………………………………………………………………… 218
①水　稲 ……………………………………………………………… 218
マンガン過剰障害 ………………………………………………… 218
臭素過剰障害 ……………………………………………………… 219
塩酸流入による障害 ……………………………………………… 219
ホウ素過剰障害 …………………………………………………… 219
要素障害と紛らわしい症例 ……………………………………… 219

2. 畑作物 …………………………………………………………………… 219
①小麦，大麦 ………………………………………………………… 219
マグネシウム欠乏障害 …………………………………………… 219
マンガン欠乏障害 ………………………………………………… 220
銅欠乏障害 ………………………………………………………… 220
②トウモロコシ ……………………………………………………… 220
亜鉛欠乏障害 ……………………………………………………… 220

3. 野　菜 …………………………………………………………………… 220
（1）果菜類 ……………………………………………………………… 220
①トマト ……………………………………………………………… 220
マグネシウム欠乏障害 …………………………………………… 220
鉄欠乏障害 ………………………………………………………… 220
マンガン欠乏障害 ………………………………………………… 220
亜鉛欠乏障害 ……………………………………………………… 220
ホウ素欠乏障害 …………………………………………………… 221

要素障害と紛らわしい症例 ……………………………………………… 221
②ナ　ス ……………………………………………………………… 221
　カリウム，マグネシウム欠乏障害 ……………………………… 221
　マンガン欠乏障害 ………………………………………………… 222
　亜鉛欠乏障害 ……………………………………………………… 222
　マンガン過剰障害 ………………………………………………… 222
　ホウ素過剰障害 …………………………………………………… 222
　要素障害と紛らわしい症例 ……………………………………… 222
③キュウリ …………………………………………………………… 222
　カルシウム欠乏障害 ……………………………………………… 222
　マンガン欠乏障害 ………………………………………………… 223
　ホウ素欠乏障害 …………………………………………………… 223
　マンガン過剰障害 ………………………………………………… 223
　要素障害と紛らわしい症例 ……………………………………… 223
④スイカ ……………………………………………………………… 223
　マグネシウム欠乏障害 …………………………………………… 223
　マンガン欠乏障害 ………………………………………………… 223
　マンガン過剰障害 ………………………………………………… 223
⑤メロン ……………………………………………………………… 223
　マグネシウム欠乏障害 …………………………………………… 224
　マンガン過剰障害 ………………………………………………… 224
⑥イチゴ ……………………………………………………………… 224
　要素障害と紛らわしい症例 ……………………………………… 224
⑦エダマメ（ダイズ） ……………………………………………… 224
　カリウム欠乏障害 ………………………………………………… 224
　要素障害と紛らわしい症例 ……………………………………… 224
（2）葉菜類 …………………………………………………………… 224
①キャベツ …………………………………………………………… 224
　ホウ素欠乏障害 …………………………………………………… 224
②ハクサイ …………………………………………………………… 224
　ホウ素欠乏障害 …………………………………………………… 225
③シロナ ……………………………………………………………… 225
　要素障害と紛らわしい症例 ……………………………………… 225
④チンゲンサイ ……………………………………………………… 225
　鉄欠乏障害 ………………………………………………………… 225
⑤ホウレンソウ ……………………………………………………… 225
　リン欠乏障害 ……………………………………………………… 225
　マンガン欠乏障害 ………………………………………………… 225
⑥シュンギク ………………………………………………………… 225
　カルシウム欠乏障害 ……………………………………………… 225
　マンガン欠乏障害 ………………………………………………… 225

ホウ素欠乏障害 ······························· 226
ホウ素過剰障害 ······················· 226
⑦セルリー ······························· 226
ホウ素欠乏障害 ······················· 226
マンガン過剰障害 ······················· 226
ホウ素過剰障害 ······················· 226
要素障害と紛らわしい症例 ······· 226
⑧ミツバ ······························· 226
鉄欠乏障害 ······························· 226
⑨シ　ソ ······························· 226
鉄欠乏障害 ······························· 226
要素障害と紛らわしい症例 ······· 227
⑩カリフラワー ····················· 227
マグネシウム欠乏障害 ··········· 227
ホウ素欠乏障害 ······················· 227
⑪タマネギ ······························· 227
ホウ素欠乏障害 ······················· 227
亜鉛過剰障害 ······················· 227
要素障害と紛らわしい症例 ······· 228

（3）根菜類 ······························· 228
①ダイコン ······························· 228
マグネシウム欠乏障害 ··········· 228
ホウ素欠乏障害 ······················· 228
②サトイモ ······························· 228

4. 果　樹 ······························· 228
①ミカン ······························· 228
マグネシウム欠乏障害 ··········· 228
鉄欠乏障害 ······························· 228
マンガン欠乏障害 ······················· 228
銅欠乏障害 ······························· 228
亜鉛欠乏障害 ······················· 229
ホウ素欠乏障害 ······················· 229
要素障害と紛らわしい症例 ······· 229
②ブドウ ······························· 229
マグネシウム欠乏障害 ··········· 229
マンガン欠乏障害 ······················· 229
ホウ素欠乏障害 ······················· 229
ホウ素過剰障害 ······················· 229
要素障害と紛らわしい症例 ······· 230
③リンゴ ······························· 230
カリウム欠乏障害 ······················· 230

カルシウム欠乏障害 ··· 230
鉄欠乏障害 ··· 231
マンガン欠乏障害 ··· 231
ホウ素欠乏障害 ·· 231
④ナ　シ ·· 231
ホウ素欠乏障害 ·· 231
ニッケル過剰障害 ··· 231
果実の硬化障害 ·· 231
5.　緑化用樹 ··· 231

要素障害対策と肥料 ·· 232
1.　土づくり肥料の基礎知識 ··· 232
2.　肥料の葉面散布（葉面施用）の基本 ·································· 233
(1)散布濃度 ··· 233
(2)散布時の気温 ··· 233
(3)散布時間帯 ·· 233
(4)効果的な葉面散布 ··· 234
(5)葉面散布剤などの種類 ····································· 234
3.　土つくり・基肥・追肥に使用される主な肥料 ·························· 235
(1)土壌のpH対策 ·· 235
(2)土つくりに使用する肥料の成分と特徴 ························· 236
4.　要素欠乏・過剰の基本対策例 ·· 236

要素欠乏対策資材例 ··· 241

普通作物

1 水　稲

◆欠乏症状

＜カリウム欠乏症＞
下葉の葉脈間に赤褐色の条や斑点が不規則に発生し、やがて下葉から枯死する。

＜カルシウム欠乏症＞
上位葉の葉先から葉縁に褐色の不整形斑点が発生したり、葉先から葉縁が白～黄変あるいは褐変して、枯れ込む。

＜鉄欠乏症＞
新葉の葉色は淡緑～黄白化するが、部分的に褐色の斑点が発生することがある。

◆2 ― 水稲・普通作物

＜マグネシウム欠乏症＞
下葉の葉縁から黄変することが多いが，欠乏の出始めは葉脈間が小斑点状に淡緑～黄変し(左)，やがて葉縁外側から葉脈間が筋状に淡緑～黄変する(右)。

＜マンガン欠乏症＞
新葉に発生しやすく，葉脈間が淡緑～白変する。欠乏が著しい場合は下葉から症状が発生することもある。

<銅欠乏症>
生育は劣り，新葉の葉脈間に白色の小斑点が発生する。

<マンガン過剰症>
分げつが遅れ初期生育が不良となる。葉に現われる症状は葉脈間に褐色の斑点が生じ，これが連なって条となる。

◆過剰症状

<ホウ素過剰症>
葉先が白〜褐変化し，葉先に不整形の白斑が生じ，葉縁が黄白化する。

<亜鉛過剰症>
生育は阻害され，新葉の葉色は淡緑〜黄白化し，亜鉛過剰に誘導された鉄欠乏症状が発生する。

2 小 麦

◆欠乏症状

＜カルシウム欠乏症＞
先端葉の葉先がこよりのように細く巻き上がり，近傍の葉は葉脈間に淡褐色の不整形の斑点が生じたり，上部が黄変する。

＜カリウム欠乏症＞
下位葉の上部葉脈間に黄色の小斑点が生じ，下葉から枯れ上がる。

＜マグネシウム欠乏症＞
下位葉の葉脈間がまだらに黄変し始め，やがて葉脈間や葉縁が黄変し，枯れ上がる。

＜イオウ欠乏症＞
上位葉や新しく分げつした茎葉は淡緑化する（右）。左は健全な上位葉。

<ホウ素欠乏症>
穂先や芒が黄白化するとともに芒がよじれて奇形を呈する。

<マンガン欠乏症>
比較的新しい茎葉の上位葉の葉脈間が淡緑色となるが,欠乏が著しい場合は下位葉から現われることもある。

<亜鉛欠乏症>
上位葉の葉脈間にアントシアン色素が発現する。

<銅欠乏症>
茎葉の先端部はこよりのように細くなり,枯れ上がる。また,不稔穂が発生する。

◆過剰症状

＜マンガン過剰症＞
下位葉葉先の葉脈間が黄～白変し，これが連なって葉先から黄白化し，枯れ始める。

＜ホウ素過剰症＞
下位葉の葉先が黄白化し，葉縁や葉脈間に淡黄～淡褐色の不整形小斑点が発現する。この症状が漸次上位葉に及ぶ。

＜亜鉛過剰症＞
上位葉の葉脈間が淡緑化し，亜鉛過剰に誘導された鉄欠乏症状が発現する。

＜銅過剰症＞
上位葉の葉脈間が淡緑化し，銅過剰に誘導された鉄欠乏症状が発現する。

③ 大 麦

◆欠乏症状

<カリウム欠乏症>
生育は衰え，下位葉に不整形の白色の大あるいは小斑点が生じる。

<カルシウム欠乏症>
新葉の葉先の葉縁から黄白化し始め，やがて枯れ込む。

<マグネシウム欠乏症>
下位葉の葉縁から黄変する。葉色は全体に淡くなる。

<鉄欠乏症>
先端葉は葉脈の緑色を残し，葉脈間が黄白化する。

◆ 8 — 大麦・普通作物

＜マンガン欠乏症＞
新葉の葉脈間が淡緑～黄変する。欠乏が著しい場合は下位葉から症状が発現することがある。

＜ホウ素欠乏症＞
健全株(左)に比べホウ素欠乏株(右)は生育が劣り、下部が枯れ上がるが、新しい葉の葉先から黄白化し、枯れ始める。

＜亜鉛欠乏症＞
生育が著しく劣り、葉脈間に白～淡褐色の不整形斑点が無数に発現する。

＜銅欠乏症＞
新葉の葉脈間が淡緑化するとともに葉先が黄白化して枯れる。

◆過剰症状

＜マンガン過剰症＞
下葉の葉脈間に褐色の小斑点が無数に生じ，漸次上位葉にこの症状が及ぶ。

＜ホウ素過剰症＞
葉先葉縁から淡褐色〜黄白化し始めるとともに，葉縁あるいは葉脈間に淡褐色〜褐色の不整形斑点が滲みでるように発生する。

＜亜鉛過剰症＞
新葉の葉脈間が淡緑化し，亜鉛過剰に誘導された鉄欠乏症が発生する。

＜モリブデン過剰症＞
下葉から枯れ上がるとともに，上位葉の葉脈間に赤褐色の小斑点が発現する。

4 トウモロコシ

◆欠乏症状

＜カリウム欠乏症＞
下位葉の葉脈間に黄白色の条が発生しやすい。生育は衰える。欠乏が進行すると葉色は左から右へと次第に黄化が進む。

＜カルシウム欠乏症＞
新しく出た葉先が前に出た葉にくっついた状態で展開したり、生長点部が枯死する。

＜マグネシウム欠乏症＞
下位葉の葉縁から淡緑化し始め、やがて黄化する。葉脈間も淡緑化する。

＜鉄欠乏症＞
上位葉の葉脈の緑色を残し、葉脈間が淡緑化し始め、美しい縦縞模様になる。やがて葉全体が黄白色を呈する。

普通作物・トウモロコシ — 11

＜マンガン欠乏症＞
左は健全葉で，右のマンガン欠乏葉では中上位葉の葉脈間がぼんやりと淡緑化する。欠乏が進むと葉脈間が黄褐変しやすい。

＜ホウ素欠乏症＞
健全株（奥）に比べホウ素欠乏株（手前）の上位葉の葉脈間が白〜黄化する。茎葉はもろくなる。

＜亜鉛欠乏症＞
葉縁が淡黄褐変化している状況。この症状は漸次上位葉に及び，生育は衰える。

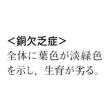

＜銅欠乏症＞
全体に葉色が淡緑色を示し，生育が劣る。

◆12 ─ トウモロコシ・普通作物

◆過剰症状

<マンガン過剰症>
健全葉(左)に比べマンガン過剰葉(右)の葉色は淡緑化し,葉には白色の条が発生する。

<ホウ素過剰症>
下位葉の葉縁から白変化が始まり,やがて上位葉に及ぶ。

<亜鉛過剰症>
新葉は淡緑化し,亜鉛過剰に誘導された鉄欠乏症状が発現する。

<銅過剰症>
新葉は淡緑化し,銅過剰に誘導された鉄欠乏症状が発現する。

野菜・果菜類

1 トマト

◆欠乏症状

<カリウム欠乏症>
下位葉の葉脈間が鮮明に黄変し，マグネシウム欠乏症と紛らわしくなる（左）。欠乏が激しくなると茎などに褐色の不整形の比較的大きな斑点が生じる(右)。

<カルシウム欠乏症>
葉先の先端部が黄〜褐変し，枯死する。

<マグネシウム欠乏症>
下位葉の葉脈間が淡緑化し，やがて黄化する。葉先より黄化が進んだ状態。

<鉄欠乏症>
新葉（上位葉）の葉脈の緑色を残して葉脈間が淡緑〜黄白化する。

◆14 ― トマト・野菜・果菜類

＜マンガン欠乏症＞
中上位葉の葉脈間が淡緑化するが，鉄欠乏症に比べて，葉脈と葉脈間のコントラストが強い。

＜ホウ素欠乏症＞
先端葉が黄化したり，エビのように巻いたり，小葉化したりして生育が停止する（上）。果実の表面にコルク状のかさぶたのような傷あるいは爪で引っ掻いたような傷が生じる（下）。

＜亜鉛欠乏症＞
全体に葉色が淡くなる。先端葉では葉先の緑色が濃く残るが，他の部分は黄変〜淡緑化する。また，葉の裏の葉脈部にはアントシアン色素が発現し，紫紅色を呈する。

＜銅欠乏症＞
先端葉が萎れたように垂れ下がり，生育が衰える。

◆過剰症状

＜マンガン過剰症＞
下位葉の葉脈が黒褐変し，葉脈間に黒褐色の小斑点が発生する。上位葉は鉄欠乏症状を呈することが多い。

＜ホウ素過剰症＞
下位葉の葉縁が白変あるいは褐変し，葉脈間に不整形の白斑が発生する。やがてこれらの部分は壊死する。

＜亜鉛過剰症＞
上位葉は亜鉛過剰に誘導された鉄欠乏症状を示す。

＜モリブデン過剰症＞
先端葉の生育が悪くなり，葉が小形化するとともに，全体の葉が鮮やかに黄変する。

2 ナス

◆欠乏症状

<カリウム欠乏症>
下位葉の葉脈間が斑点状に淡黄色を呈する（左）。欠乏が激しくなると，茎，枝，果実のがく付近の表面がケロイド状に侵される（中・右）。

<カルシウム欠乏症>
先端部の生育が阻害され，葉脈間が黄褐変する（左上）。欠乏症状は漸次下位葉に及ぶ（左下）。果実には尻腐れ果が発生する（上）。

野菜・果菜類・ナス — 17

<マグネシウム欠乏症>
一般には生育の途中で欠乏が発生しやすく，下位葉の葉脈に沿って黄化が進むが，葉脈間が淡黄緑化するケースもある。

<鉄欠乏症>
先端葉や新しく出た脇芽が鮮やかに黄変する。

<マンガン欠乏症>
中上位葉の葉脈間にかすかな黄斑や褐色の斑点を生じたり，中上位葉の葉脈間が淡緑化する。草勢が衰え，落葉しやすい。

<ホウ素欠乏症>
茎葉は硬くてもろくなり，葉はごわごわする。欠乏症状は先端葉から黄変し，生育が阻害される（右）。果実への影響は顕著で，がくに近い果皮部が障害を受ける(左)。

<亜鉛欠乏症>
先端葉の中央部が盛り上がり，葉は奇形化して，生育が悪くなる。また，ホウ素欠乏症のように茎葉は硬くなる。

<銅欠乏症>
葉色は全体に淡くなり，上位葉はやや垂れぎみになる。また，主葉脈に沿って葉脈間が小斑点状に淡緑化する葉が発生する。

◆過剰症状

<マンガン過剰症>
下葉の葉脈がチョコレート色に変色したり，葉脈に沿って同色の斑点が生じる。

<ホウ素過剰症>
下葉から葉脈間に褐色の小さな壊死斑点を生じ，次第に上位葉へ及ぶ。

3 ピーマン

◆欠乏症状

<カリウム欠乏症>
下位葉の葉脈間から黄変し始め、やがて葉全体が黄化する。

<カルシウム欠乏症>
先端葉はいびつな生長を行ない、下に向かうほど症状が軽減する（上）。果実には障害が発生する（右）。

<マグネシウム欠乏症>
下位葉の葉脈間の緑色が淡緑〜黄変する。

<イオウ欠乏症>
上位葉の葉色が淡緑化し、生育が不良となる。

◆20 ─ ピーマン・野菜・果菜類

＜鉄欠乏症＞
上位葉は葉脈の緑色を残して葉脈間が淡緑化し始める。

＜マンガン欠乏症＞
中上位葉の葉脈に沿って緑色が残り，葉脈間が淡緑色化する。

＜ホウ素欠乏症＞
茎葉は硬くなり，折れやすい。上位葉はよじれて奇形化する。

＜亜鉛欠乏症＞
上位葉が黄化するとともに外側に巻きやすい。

＜銅欠乏症＞
先端葉がカッピング症状（葉の形がカップ状になる）を示し，生育が衰える。

◆過剰症状

＜マンガン過剰症＞
下位葉の葉脈間あるいは葉脈に沿って黒褐色の小斑点（チョコレート斑点）が生じる。

＜ホウ素過剰症＞
下位葉の葉脈間に白〜褐色の不整形小斑点が生じる。

＜亜鉛過剰症＞
葉色が全体に淡くなり，葉脈間が淡緑化する。

4 キュウリ

◆欠乏症状

＜カリウム欠乏症＞
葉は下葉の葉縁からかすかに黄化し始め（左），しだいに縁どりが明瞭となる（右）。葉脈間も黄化する。また葉は外側に巻きやすくなる。

＜マグネシウム欠乏症＞
下位葉の葉脈間の緑色が失われ，白色化する。また，全体に葉色は淡緑化しやすい。

＜カルシウム欠乏症＞
上位葉がカッピング症状を示すとともにやがて葉脈間が黄変し始める。下位葉に向かうほど症状は軽減される。

＜イオウ欠乏症＞
中〜上位葉の葉色が淡くなる。

野菜・果菜類・キュウリ — 23

<鉄欠乏症>
上位葉は葉脈の緑色を残して黄白化し，やがて葉全体が緑色を失う（左）。腋芽にも同様な症状が現われる。根はリボフラビン（ビタミンB₂）を分泌するので黄変しやすく，暗黒下で根に紫外線を照射すると根の一部は蛍光を発する（右）。

<マンガン欠乏症>
中上位葉の葉脈に沿って緑色が残り，葉脈間が淡緑色を呈する。

<ホウ素欠乏症>
茎葉は硬くて，ごわごわし，折れやすくなる。また葉はよじれて外側に巻く（左）。花芽部分の先端部が枯死する（右）。

◆24 — キュウリ・野菜・果菜類

<亜鉛欠乏症>
中上位葉の葉脈間が淡緑色を呈するので，葉脈部が暗緑色にみえる。

<銅欠乏症>
欠乏が激しいと，先端葉はカッピングするとともに，上位葉の成葉は葉縁部から中心に向かって葉脈間の緑色が退色し，淡黄緑色を呈する(左)。先端葉は葉脈間の緑色が淡くなるとともに，萎れたように垂れ下がる(右)。

◆過剰症状

<マンガン過剰症>
下位葉の葉脈から褐変し始める(左)。毛茸の基部が黒褐色(チョコレート色)を呈する(右)。

野菜・果菜類・キュウリ — 25

<ホウ素過剰症>
下位葉の葉縁が黄〜褐変したり，葉脈間に褐色の斑点を生じたりする。この症状は漸次上位葉へと広がる（左）。上位葉は小型化するとともに，葉はカッピング状になる（右）。

<亜鉛過剰症>
上位葉は亜鉛過剰に誘導された鉄欠乏症状を呈する（左）。果実は緑色を失い白化する（右）。

<銅過剰症>
下葉から葉脈間が黄変し，生育が阻害される。

5 スイカ

◆欠乏症状

<カリウム欠乏症>
下位葉の葉縁より黄化が始まり、葉脈間が黄変する。やがて葉縁は褐変枯死する。

<カルシウム欠乏症>
先端葉の生育が阻害され、欠乏が激しいと枯死し、下位葉に向かうほど症状は軽減する。

<マグネシウム欠乏症>
葉色は全体に淡緑色を呈する。上が欠乏株、下が健全株(左)。下位葉の葉脈間には白〜淡褐色のネクロシスを生じる。葉脈間に黒褐色のゴマ状の斑点が発生する場合もある(右)。

<鉄欠乏症>
上位葉の葉脈の緑色を残し、葉脈間が淡緑化し始め、やがて葉全体が淡黄緑化する。

野菜・果菜類・スイカ — 27

<マンガン欠乏症>
中上位葉の葉脈に沿って緑色が残り，葉脈間が淡緑色を呈する。

<ホウ素欠乏症>
先端葉から黄化し始め，欠乏が激しくなると先端部は枯死する。また，茎葉は硬くて，折れやすくなる。

<銅欠乏症>
葉は全体に淡緑化し，中上位葉の葉脈間に淡いクロロシスを生じる。

<亜鉛欠乏症>
葉は外側に巻きやすくなる。

◆過剰症状

＜マンガン過剰症＞
下位葉の葉脈がチョコレート色に変色する(左)。毛茸の基部もチョコレート色を呈する(右)。

＜ホウ素過剰症＞
葉の表面は葉脈間に小さな黄白斑が発生する。

＜銅過剰症＞
上位葉は銅過剰に誘導された鉄欠乏症状を示す。
上は健全株，下は銅過剰株。

6 メロン

◆欠乏症状

＜カリウム欠乏症＞
下位葉の葉縁が黄褐変し，漸次上位葉にこの症状が及ぶ。

＜カルシウム欠乏症＞
葉脈間の黄変とともにカッピングしやすい。下位葉に向かうほど症状は軽減される。

＜マグネシウム欠乏症＞
下位葉の葉脈間から黄褐変し始め，葉脈間が枯れ上がる。着果以降に発生する場合は上位葉に葉枯れ症となって発現する。上は'プリンス'に現われた症状。

＜鉄欠乏症＞
葉脈間が淡緑〜淡黄緑色を呈する。やがて葉全体が緑色を失う。腋芽にも同様な症状が現われる。

◆30 — メロン・野菜・果菜類

<ホウ素欠乏症>
茎葉は硬くて，折れやすくなり，先端部の生育が阻害され，やがて枯死する(上)。茎部には亀裂が入る(下)。

<マンガン欠乏症>
中上位葉の葉脈間が淡緑～淡黄白色になる。

<亜鉛欠乏症>
葉が外側に巻きやすくなり。葉色は淡緑化する。

<銅欠乏症>
先端部の葉色は淡緑化し，最先端部は枯死する。

野菜・果菜類・メロン — 31

◆過剰症状

＜マンガン過剰症＞
下位葉の葉脈に沿ってチョコレート色の小斑点が無数に発生し，葉脈がチョコレート色に変色しているようにみえる。この症状は次第に上位葉へと進む（左）。毛茸の基部がチョコレート色に変色する（右）。

＜ホウ素過剰症＞
下位葉の葉縁が黄褐変し，漸次，上位葉にこの症状が及ぶ。

＜亜鉛過剰症＞
上位葉は亜鉛過剰に誘導された鉄欠乏症状を呈する。

＜銅過剰症＞
下葉の葉縁あるいは葉脈間から黄変し，漸次上位葉にこの症状が進む。

7 カボチャ

◆欠乏症状

<カリウム欠乏症>
下位葉の葉脈間に白色の斑状ネクロシスが生じたり，葉縁が黄化したりするとともに，葉脈間が全体に黄化し，やがて枯死する。

<カルシウム欠乏症>
先端葉が生育阻害を受ける。上位葉はキュウリのカルシウム欠乏症状と同様にカッピングしやすい。また，先端に近い葉は葉脈間が黄化するとともに奇形となる。

<マグネシウム欠乏症>
葉色は全体に淡緑化〜黄化しやすい。写真は葉脈間の淡緑化した欠乏症状。

<鉄欠乏症>
上位葉の葉脈の緑色を残し，葉脈間が淡緑〜淡黄緑色を呈し，やがて黄化する。

<マンガン欠乏症>
中上位葉の葉脈間が淡緑化し，欠乏が進むと葉脈間が淡黄緑色を呈する。

野菜・果菜類・カボチャ — 33

<ホウ素欠乏症>
先端部の葉は黄化するとともに，茎葉は硬くてもろくなり，葉は外側に
巻きやすい(左)。茎，葉柄には横の亀裂を生じやすい(右)。

<亜鉛欠乏症>
葉は外側に巻き奇形となる。

<銅欠乏症>
先端部の葉はカッピング症
状を示し，これより下の成
葉の葉脈間は淡緑化する。

◆34 — カボチャ・野菜・果菜類

◆過剰症状

＜マンガン過剰症＞
上位葉は全体に淡緑化するとともに葉脈が白変したり，一部チョコレート色を呈し，葉脈間が部分的に白変する（左）。葉柄の毛茸基部がチョコレート色を呈するとともに軸に沿って白〜淡褐色の筋が入る（右）。

＜ホウ素過剰症＞
下位葉の葉縁より黄化し始め，やがて上位葉にこの症状が進む。上位葉はカッピングし，葉縁の黄化とともに葉脈間が淡緑化する。

＜銅過剰症＞
銅過剰により誘導された鉄欠乏症状が上位葉に発現する。

＜亜鉛過剰症＞
上位葉は亜鉛過剰に誘導された鉄欠乏症状を示す。

8 イチゴ

◆欠乏症状

<カリウム欠乏症>
古葉の葉脈間に褐色のシミ状の斑点が生じる。

<カルシウム欠乏症>
新葉の葉先が褐変し，チップバーン症状を呈する。

<マグネシウム欠乏症>
古葉の葉脈間が暗褐色状となる(左上)。部分的にネクロシスを生じる(右下)。

◆36 ── イチゴ・野菜・果菜類

＜鉄欠乏症＞
新葉の葉脈の緑色を残し，葉脈間が淡緑化するが，症状が激しいと葉全体が黄白化する。

＜ホウ素欠乏症＞
新葉はよじれて展開するので奇形となり，茎葉は硬くなる（左）。新葉および花のがくの先端が枯れる（右）。

＜亜鉛欠乏症＞
葉は小形化し，葉脈間が淡緑化して，生育が劣る。左が健全葉，右が亜鉛欠乏株の葉。

＜銅欠乏症＞
新葉の葉脈間にクロロシスを生じるが，鉄欠乏症のような鮮明さはない。

◆過剰症状

<マンガン過剰症>
古葉の葉脈がチョコレート色を呈するとともに葉脈間のところどころにチョコレート斑点が生じる。

<ホウ素過剰症>
古葉の葉縁部から褐変枯死が進む。

<亜鉛過剰症>
古葉では葉脈が褐変する(左)。葉柄には不整形の褐色斑が生じる(右)。

<銅過剰症>
新葉の葉脈間にクロロシスが発生し、鉄欠乏症状の発生がみられる。

9 オクラ

◆欠乏症状

<カルシウム欠乏症>
先端葉およびこれに近い新葉では葉脈に沿って淡緑化するとともに、褐色の小斑点がところどころに生じる。

<カリウム欠乏症>
葉脈間が淡緑～黄変し、漸次この症状が上位葉に及ぶ。下位葉は黄変しやすい。

<鉄欠乏症>
上位葉の葉脈の緑色を残し、葉脈間が淡緑色となり、やがて黄白化する。

<マグネシウム欠乏症>
下位葉の葉脈間が淡緑～黄変する。

<マンガン欠乏症>
葉脈間が淡緑化する。欠乏が激しくなると葉脈間に褐色の斑点が生じる。

野菜・果菜類・オクラ — 39

<ホウ素欠乏症>
茎葉は硬くて，もろくなり，葉は湾曲するとともに葉脈が淡緑〜淡黄色化する。

<銅欠乏症>
葉は垂れ下がりぎみとなる。葉脈に沿った部分の白変が認められる。

◆過剰症状

<マンガン過剰症>
葉柄にチョコレート色の小斑点が無数に発生する(左)。上位葉の葉脈間が淡緑〜黄変するとともに，褐色〜チョコレート色の小斑点が生じる(中)。葉柄あるいは茎部には引っ掻き傷のような褐色の傷が入る(右)。

<ホウ素過剰症>
下位葉の葉脈間が斑点状に淡緑〜黄化し始める。

10 エンドウ

◆欠乏症状

＜カリウム欠乏症＞
下位葉に不整形の褐色斑が生ずる（左）。
葉縁が黄化する（右）。

＜マグネシウム欠乏症＞
全体に葉色が淡緑化するとともに，下位葉の葉脈間が葉縁より黄変する。

＜カルシウム欠乏症＞
先端葉の葉縁あるいは葉脈間から黄変し始める。

＜鉄欠乏症＞
上位葉の葉全体が淡緑～淡黄緑～黄白化し，やがて葉全体が緑色を失う。

野菜・果菜類・エンドウ — 41

＜マンガン欠乏症＞
葉脈間に部分的に褐色の小斑点が生じる。

＜ホウ素欠乏症＞
先端部の生育が阻害され、葉の黄化が進む。茎葉は硬くて折れやすくなるとともに、ツルの先端部が枯れる。

＜亜鉛欠乏症＞
上位葉は葉縁より中央に向かって黄変し始める。また、葉脈間がやや淡緑化する。

＜銅欠乏症＞
葉色は全体に暗緑色を呈する。左は健全葉、右が銅欠乏症。

◆42—エンドウ・野菜・果菜類

◆過剰症状

＜マンガン過剰症＞
下位葉の葉脈に沿ってチョコレート色の小斑点が生じる。

＜ホウ素過剰症＞
下位葉の葉縁が白～淡褐色化するとともに，葉縁から葉脈間に向けて褐色の不整形斑点が生じる。

＜亜鉛過剰症＞
上位葉は亜鉛過剰に誘導された鉄欠乏症状を呈する。

＜銅過剰症＞
下位葉は葉脈間が黄化する。

11 エダマメ（ダイズ）

◆欠乏症状

＜カリウム欠乏症＞
欠乏の出始め。葉が外側に巻き始めるとともに，葉脈間が淡黄緑化し始める（左）。葉脈間が黄化する（右）。

＜カルシウム欠乏症＞
先端葉の葉脈間が淡緑～黄変するとともに（左），子実では（右），左の欠乏株は右の健全株に比べ子実の生育が阻害されている。

＜マグネシウム欠乏症＞
全体に葉色が淡緑化し，古葉の葉脈間が黄変するとともに，部分的に淡褐変枯死する。

＜イオウ欠乏症＞
新葉が淡緑色を呈する。

◆44 — エダマメ（ダイズ）・野菜・果菜類

＜マンガン欠乏症＞
葉脈に沿って緑色が残り，葉脈間が淡緑化する。

＜鉄欠乏症＞
新葉は葉脈の緑色を残し，網目模様を呈する。欠乏症状が激しいと，新葉の葉全体が鮮やかに黄変する。

＜亜鉛欠乏症＞
健全株（左）に比べ亜鉛欠乏株（右）の葉色は淡緑化する。

＜ホウ素欠乏症＞
葉は外側に巻き，茎葉は硬くてもろくなり，折れやすくなる。先端部の生育や子実形成が阻害される。

＜銅欠乏症＞
先端葉の葉脈間が淡緑化するとともに，カッピング症状を呈する。

野菜・果菜類・エダマメ（ダイズ）— 45

◆過剰症状

<鉄過剰症>
葉脈間には褐色の斑点が生じる。

<マンガン過剰症>
葉脈に沿って黒褐色の小斑点が発生する（上）。葉柄や茎の毛茸基部に黒褐色の斑点が部分的に発生する（下）。

<ホウ素過剰症>
葉脈間に不整形の小斑点が発生する。

<銅過剰症>
先端葉の葉色は淡緑化する。

<亜鉛過剰症>
葉脈が褐色に変色し、葉脈間に褐色の小斑点が生じる。

野菜・葉菜類

① キャベツ

◆欠乏症状

＜カリウム欠乏症＞
未結球期では下位葉の葉脈間に不整形の白斑を生じ，生育が衰える。

＜カルシウム欠乏症＞
中心葉の生育が阻害され，葉が内側に巻く傾向を示し，やがて枯死する。結球期に欠乏が発生すると心腐れとなり，内部に障害が発生する。

＜マグネシウム欠乏症＞
欠乏症状の出始め。下位葉の葉脈間が淡緑化したり，葉脈間が赤紫色を呈したりする。

＜イオウ欠乏症＞
上位葉の葉色が淡緑化し，生育が不良となる。

野菜・葉菜類・キャベツ — 47

<鉄欠乏症>
新葉の葉脈の緑色を残して、葉脈間が白〜黄変する。

<マンガン欠乏症>
症状が進むと葉全体が淡黄緑色に変わる。

<ホウ素欠乏症>
下位葉は外側に巻く傾向を示し、葉脈間が黄変する。中心部の葉はいびつな生長を行ない奇形となる(左)。茎葉は硬くなり、葉柄には横の亀裂が生じる(右)。

<亜鉛欠乏症>
生育が劣るとともに、葉脈部や葉柄部にアントシアン色素の発現がみられ、紫紅色を呈する。左が健全株、右が亜鉛欠乏株。

48 — キャベツ・野菜・葉菜類

<銅欠乏症>
葉色は淡緑化し，生育が衰える。また，葉は萎れやすい。左が健全株，右が銅欠乏株。

◆過剰症状

<マンガン過剰症>
下位葉から褐色あるいはチョコレート色の小斑点が生じ，一部にネクロシスが生じる。中心部の葉は淡緑化する。

<ホウ素過剰症>
下位葉の葉縁から白〜褐変し，漸次この症状は若い葉に及ぶ。

<亜鉛過剰症>
下位葉から黄化が進み，生育が衰える。新葉が淡緑化する場合もある。左が健全株，右が亜鉛過剰株。

② ハクサイ

◆欠乏症状

＜カルシウム欠乏症＞
未結球期では心葉の葉縁が黄化し，葉先が内側に巻き，奇形を呈し，枯死する。

＜カリウム欠乏症＞
下位葉の葉脈間に白色の不整形小斑点が発生する。

＜マグネシウム欠乏症＞
下位葉の葉脈間が淡緑〜黄変し，漸次この症状が上位葉に進む。

＜鉄欠乏症＞
新葉の葉脈の緑色を残して葉脈間が淡緑化する。

◆50 ― ハクサイ・野菜・葉菜類

<マンガン欠乏症>
新葉の葉脈間が淡緑～白変する（右）。葉脈間が微小斑点状に淡黄緑化する（左）。

<亜鉛欠乏症>
上位葉は小形化し，葉はロゼット状になる。下位葉は枯れ込む。

<ホウ素欠乏症>
心葉の葉柄の内側に亀裂が生じたりあるいは粗状となる。これがやがて褐変する。

<銅欠乏症>
新葉が淡黄緑～黄化する。

野菜・葉菜類・ハクサイ—51

◆過剰症状

<マンガン過剰症>
下位葉の葉脈間に不整形の白色枯死斑点が生じ，漸次若い葉に症状が進む。

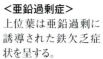

<ホウ素過剰症>
上位葉は亜鉛過剰に誘導された鉄欠乏症状を呈する。

<亜鉛過剰症>
上位葉は亜鉛過剰に誘導された鉄欠乏症状を呈する。

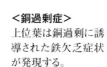

<銅過剰症>
上位葉は銅過剰に誘導された鉄欠乏症状が発現する。

3 コマツナ

◆欠乏症状

<カリウム欠乏症>
下葉の葉縁より黄化し，次第に葉脈間へと黄化が進み，葉脈間に淡褐色の小斑点が生じる。

<カルシウム欠乏症>
心葉の生育が阻害され，奇形化し，やがて枯死する。

<マンガン欠乏症>
中上位葉の葉脈間が淡緑化する。

<マグネシウム欠乏症>
下葉の葉脈間が淡緑〜黄化する。

<鉄欠乏症>
葉全体が淡緑化する。

<ホウ素欠乏症>
心葉部の生育が阻害される（左）。葉柄の内側にかさぶたのような傷を生じやすい（右）。

<亜鉛欠乏症>
心葉や若い葉にアントシアン色素が発現する。

<銅欠乏症>
葉脈間が小斑点状に淡緑化する。

◆過剰症状

<マンガン過剰症>
下位葉の葉脈間から淡褐色〜褐色の小斑点が生じ、生育が衰える。

<ホウ素過剰症>
葉はカッピングし、下葉の葉縁から黄白化する。葉の裏側からみた葉縁の黄白化症状。

<亜鉛過剰症>
若い葉には亜鉛過剰に誘導された鉄欠乏症状が発生する。

<銅過剰症>
葉が黄化し、葉脈間に褐色の小斑点が発生する。

4 チンゲンサイ

◆欠乏症状

<カリウム欠乏症>
欠乏が進むと，葉脈間が黄変し，下葉の葉縁の黄化とともに，白色の不整形斑点が葉に出現する。

<カルシウム欠乏症>
心葉の生育が阻害され，心葉とその近傍の葉に白色の小斑点が生じ，葉柄が褐変する。

<マグネシウム欠乏症>
下葉の葉脈間が淡緑化し始め，やがて黄変する(左)。欠乏が激しいと葉脈間に白色のネクロシスを生じる(右)。

<鉄欠乏症>
若い葉の葉脈の緑色を残し，葉脈間が淡緑〜黄変化する。

<マンガン欠乏症>
中上位葉の葉脈間がぼんやりと淡緑化する。

野菜・葉菜類・チンゲンサイ — 55

<ホウ素欠乏症>
心葉の生育が阻害され、よじれて奇形となる。

<亜鉛欠乏症>
葉が小形化し外側に巻きやすく、生育が劣る。また、下葉から黄化が進む。

<銅欠乏症>
若い葉の葉柄に近い葉脈間が小斑点状に淡緑化する。光に透かしてみるとその症状がよくわかる。

◆過剰症状

<マンガン過剰症>
若い葉はカッピングするとともに、葉には褐色の小斑点が発生する。

<ホウ素過剰症>
葉はカッピングし、下位葉の葉縁から黄白化する。

5 シロナ

◆欠乏症状

<カリウム欠乏症>
下葉の葉脈間が鮮明に黄変する。

<カルシウム欠乏症>
心葉の葉先が内側や外側に巻き，奇形となる。また，近傍の葉は凸凹し，葉脈間が淡緑化するとともに白色の小斑点が生じやすい。

<マグネシウム欠乏症>
葉脈間が黄褐変し始め，やがて葉全体が黄褐変する。

<鉄欠乏症>
若い葉の葉脈間が淡緑化し始め，やがて葉全体が黄変する。

野菜・葉菜類・シロナ — 57

<マンガン欠乏症>
葉色は全体に緑色が淡くなり、葉脈間が淡緑化し、若い葉の葉脈間に小さな白斑が発現する。

<ホウ素欠乏症>
心葉の生育が阻害される（左）。下葉の葉脈間が黄変して、葉は外側に巻き、心葉の生育が阻害されるとともに、葉柄基部内側にかさぶたのような傷が生じる（右）。

<亜鉛欠乏症>
下位葉から黄変するとともに、新葉の葉柄にアントシアン色素が出現する。

<銅欠乏症>
若い葉の葉脈間の緑色が淡緑色となり、葉は網目模様を呈する。

◆58 ― シロナ・野菜・葉菜類

◆過剰症状

<マンガン過剰症>
葉脈間に不整形の白斑および赤褐色の微小斑点が生じたり，葉脈間の黄変とともに赤褐色の微小斑点が発生する。

<ホウ素過剰症>
出始めは，下葉の葉脈間が黄緑に変化するとともに葉脈間に白〜淡褐色の不整形の小斑点が発生する。

<亜鉛過剰症>
若い葉は鉄欠乏症状を示し，葉脈間に白色の斑点が生じやすい。

<銅過剰症>
葉色は全体に淡くなり，下葉の葉脈間には白色の斑点が生じる。

6 ホウレンソウ

◆欠乏症状

＜カリウム欠乏症＞
症状の進み方。下葉の葉縁が黄変（左）→症状が広がり（中）→葉脈間に不整形の斑点を生じて褐変枯死（右）。

＜カルシウム欠乏症＞
出始めで，心葉の葉先は内側に巻き始めている。

＜マグネシウム欠乏症＞
出始めは，下葉の葉脈に沿って白変が進む。

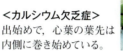

＜イオウ欠乏症＞
新葉は淡緑化する。

＜鉄欠乏症＞
新葉の葉脈の緑色を残して葉脈間が淡緑～黄変する（左）。暗黒下で根に紫外線を照射すると左の健全根は蛍光反応を示さないが，右の鉄欠乏根は蛍光反応を示す（中）。ところどころに黄色斑（リボフラビンが集積している箇所）がみられる鉄欠乏根（右）。

◆60 ― ホウレンソウ・野菜・葉菜類

<マンガン欠乏症>
葉脈に沿って緑色が残り，葉脈間が淡緑～淡黄緑化する。

<ホウ素欠乏症>
心葉はよじれて奇形となり，枯死しやすい。

<亜鉛欠乏症>
葉脈間が淡褐～黄色を呈し，やがてネクロシスを生じ，生育が衰え，枯死する。

<銅欠乏症>
葉脈間が淡黄緑色となる。

<モリブデン欠乏症>
心葉付近の葉は，表面に白いカビが生えたような状態を示すとともに，萎びたような症状を示す。

野菜・葉菜類・ホウレンソウ — 61

◆過剰症状

＜マンガン過剰症＞
葉縁から葉脈間が黄変するとともに、葉脈が部分的にチョコレート色の条あるいは斑点状となる。

＜ホウ素過剰症＞
下葉の葉縁から白変し、この症状が葉脈間に広がる。

＜亜鉛過剰症＞
若い葉は淡緑〜黄変し、亜鉛過剰に誘導された鉄欠乏症状が発生する。

＜銅過剰症＞
銅過剰に誘導された鉄欠乏症状が発現し、若い葉が淡緑化する。

＜モリブデン過剰症＞
下葉の葉縁から葉脈間が黄変し、葉柄は赤紫色を呈する。

7 シュンギク

◆欠乏症状

<カリウム欠乏症>
葉脈間に不整形の白～褐色の小斑点が生じる。

<カルシウム欠乏症>
心葉あるいはその近傍の葉の先に褐色の小斑点が発生する。

<マグネシウム欠乏症>
下葉の葉脈間が淡緑化～黄変するが，葉色は全体に淡緑化しやすい。

<マンガン欠乏症>
主に若い葉の葉脈間が淡緑～黄緑化しやすい。

<鉄欠乏症>
若い葉の葉脈間が鮮やかに黄変する。

野菜・葉菜類・シュンギク — 63

＜ホウ素欠乏症＞
先端部の生育が阻害され，茎部には亀裂が入る。

＜亜鉛欠乏症＞
葉脈間がまばらな状態で黄化が始まる。

◆過剰症状

＜ホウ素過剰症＞
下葉の葉先葉縁から褐変化が進む。

＜マンガン過剰症＞
下位葉は葉縁から黄白化し，次第に上位葉に症状は広がる。

＜亜鉛過剰症＞
上位葉の葉脈間が淡緑〜黄変し，亜鉛過剰に誘導された鉄欠乏症状が発現する。

＜銅過剰症＞
若い葉の葉脈間が淡緑化し，銅過剰に誘導された鉄欠乏症状が発現する。

8 レタス

◆欠乏症状

<カリウム欠乏症>
下葉の葉脈間に褐色の不整形斑点が生じ，生育が衰える。

<マグネシウム欠乏症>
下葉の葉脈間が淡緑～黄変し始め，漸次上位葉に症状が広がる。

<鉄欠乏症>
左が健全株，右が鉄欠乏株。生育が劣り，若い葉の葉縁が黄白化しやすく，葉の淡緑化が進む。

<マンガン欠乏症>
葉脈間が淡緑化する。

<ホウ素欠乏症>
心葉の生育は阻害され，枯死が始まる。

<亜鉛欠乏症>
生育は劣り,下葉から枯れ込み,生育が衰える。健全株(左)と欠乏株(右)。

◆過剰症状

<マンガン過剰症>
株全体の淡緑化とともに,若い葉の葉縁が黄白化し葉脈間が淡緑～黄変する。

<亜鉛過剰症>
健全株(左)に比べ亜鉛過剰株(右)の生育は劣り,葉色は全体に淡緑化するとともに若い葉の葉縁が黄化する。

<ホウ素過剰症>
下葉の葉縁に不整形の斑点が生じ,これが連なり葉縁が黄褐変する。

9　セルリー

◆欠乏症状

＜カリウム欠乏症＞
下葉の黄化が進むとともに葉脈間に褐色の小斑点が生じる。

＜カルシウム欠乏症＞
中心部の近傍の茎葉では葉が枯死するが、これらに近い茎葉の葉先の葉脈間には白〜褐色の斑点が生じ、これが連なって葉縁部が褐変する。

＜マグネシウム欠乏症＞
葉色は全体に淡緑化する。

＜イオウ欠乏症＞
上位葉が淡緑〜黄変する。

野菜・葉菜類・セルリー ― 67

<鉄欠乏症>
若い葉の葉脈間が黄～白変し始め,やがて全体の葉色が白色化する。

<マンガン欠乏症>
葉縁部あるいは葉縁部の葉脈間が淡緑～黄白化する。

<ホウ素欠乏症>
中心部の生育が阻害され,その近傍の茎葉の茎部には無数の亀裂が入る。

<亜鉛欠乏症>
中心部の若い葉は葉縁が白～淡黄色を示し,奇形を呈するとともに茎部にアントシアン色素を発現する。

<銅欠乏症>
葉に黄～褐色の斑点が生じる。

◆過剰症状

<マンガン過剰症>
下葉の葉縁に褐色の小斑点が生じ,葉縁が黄化しやすい。この症状は漸次若い葉に進む。

<ホウ素過剰症>
中心部の若い葉は矮小奇形化し,茎部の内側には褐色の条が発生する。

<亜鉛過剰症>
下葉の葉脈から黄化が始まり,葉全体が黄化する。この症状は漸次上位葉へと広がり,生育は衰える。

<銅過剰症>
若い葉は鉄欠乏症状を示し,生育は不良となる。

<モリブデン過剰症>
黄化は葉の先端の葉脈部から広がる。

10 ミツバ

◆欠乏症状

＜カリウム欠乏症＞
古葉の葉先の葉縁部より褐変し，やがて帯状に葉縁の褐変が進み，葉は枯死する。

＜カルシウム欠乏症＞
未展開葉は障害を受けたり，奇形を呈する。また，近傍の葉の葉脈間に褐色の小斑点が生じたり，葉脈に沿って褐変化が進む。

＜マグネシウム欠乏症＞
古葉の葉脈間が淡緑化し始め，やがて黄変する。この症状は漸次上位葉に及ぶ。

＜鉄欠乏症＞
新葉の葉全体が淡緑化～黄変する。

<マンガン欠乏症>
葉脈間が淡緑化する。

<ホウ素欠乏症>
未展開葉およびそれに近い新葉の葉先が褐変枯死する。茎葉は硬くなる。

<亜鉛欠乏症>
新葉の葉脈間が淡緑〜黄化し、未展開葉の葉縁が枯死する。

<銅欠乏症>
葉脈間は淡緑色を呈する(左)。葉脈間が斑点状に淡緑化する場合もみられる(右)。

野菜・葉菜類・ミツバ—71

◆過剰症状

＜マンガン過剰症＞
古葉の葉脈間にチョコレート色の斑点が生じる。

＜ホウ素過剰症＞
古葉の葉縁が褐変枯死する。

＜亜鉛過剰症＞
健全株（左）に比べ亜鉛過剰株（右）の生育は劣り，古葉の葉脈が淡黄緑化する。

＜銅過剰症＞
古葉の葉脈間が淡緑〜黄変する。やがて古葉が黄変する。

◆72—パセリ・野菜・葉菜類

11 パセリ

◆欠乏症状

＜カリウム欠乏症＞
古葉の葉縁から褐変化し，生育が衰える。

＜カルシウム欠乏症＞
新葉の葉縁が淡緑～黄白変する。

＜マグネシウム欠乏症＞
株全体が淡緑化するが，古葉から淡緑化し始め，漸次この症状が株全体に拡大する。

＜鉄欠乏症＞
新葉の葉色が淡緑～黄変する。

＜ホウ素欠乏症＞
古葉から黄化し始め，中心部に近い葉が枯死するなど生育が阻害される。茎葉は硬くなる。

◆過剰症状

＜マンガン過剰症＞
古葉の葉縁部に褐色の小斑点が生じ，漸次上位葉に症状が進む。

＜ホウ素過剰症＞
古葉の葉縁が赤褐色を呈し，この症状が漸次新しい葉に及ぶ。

＜亜鉛過剰症＞
生育は阻害され，古葉から黄化する。

＜銅過剰症＞
生育が阻害され，古葉から黄化が進む。

12 シソ

◆欠乏症状

<カリウム欠乏症>
下位葉の葉脈間に不整形の褐色斑が生じる。

<カルシウム欠乏症>
葉脈間が淡緑化し，褐色の小斑点が生じる。

<マグネシウム欠乏症>
健全株(左)に比べ，苦土欠乏株(右)の葉色は全体に淡緑化し，下位葉では葉縁が褐変するとともに葉脈間が黄変する。

<鉄欠乏症>
上位葉の葉脈間が淡緑化し始め，やがて葉全体が黄白化する。

野菜・葉菜類・シソ — 75

＜マンガン欠乏症＞
葉脈に沿って緑色が残り，葉脈間が淡緑化する。鉄欠乏症のように葉全体が黄白化しない。

＜ホウ素欠乏症＞
先端部の生育が阻害され，奇形となる。

＜亜鉛欠乏症＞
生育は劣り，葉が外側に巻く。

＜銅欠乏症＞
葉脈間が淡緑化する。

◆過剰症状

<マンガン過剰症>
上位葉は縮れ，葉脈間がところどころで白変し，チョコレート色の不整形の斑点も生じる。

<ホウ素過剰症>
下位葉の葉縁が黄～褐変するとともに，葉脈間に黄斑が生じ，やがて褐色の斑点に変わる。

<亜鉛過剰症>
先端葉の葉脈が淡黄緑色を呈するとともに，葉柄に近い部分も淡黄緑化し，これに近い葉の葉脈に沿って褐色の斑点が生じる。

<銅過剰症>
生育が阻害されるとともに，上位葉には鉄欠乏症状が発生する。

13 カリフラワー／ブロッコリー

◆欠乏症状

＜カリウム欠乏症＞
症状の出始めは，葉脈間に不整形の淡緑〜淡褐色の斑点がみえる（左）。不整形の淡緑〜淡褐色の斑点が鮮明化する（右）。

＜カルシウム欠乏症＞
先端部の近傍にある葉には，淡緑〜褐色の斑点が生じるとともに葉脈間が黄化する。また，下位葉には黄色の小斑点が発生する。

＜マグネシウム欠乏症＞
下位葉の葉脈間は淡黄緑色を呈し，やがて，鮮やかに黄変する。

＜鉄欠乏症＞
葉脈間が淡緑化する。

◆ 78 ─ カリフラワー／ブロッコリー・野菜・葉菜類

＜ホウ素欠乏症＞
茎葉は硬くて，折れやすくなるとともに，心葉の生育が阻害され，葉は外側に巻き，奇形となる。

＜マンガン欠乏症＞
上位葉の葉脈間に白～黄色の小斑点が無数に生じる。

＜銅欠乏症＞
生育が劣り，葉は萎れたように垂れ下がる。

＜亜鉛欠乏症＞
生育が劣り，葉や葉柄にアントシアン色素が発現する。

＜モリブデン欠乏症＞
下位葉の葉脈間は淡黄緑化する。

野菜・葉菜類・カリフラワー／ブロッコリー — 79

◆過剰症状

<マンガン過剰症>
先端葉は黄緑化するとともに，葉には黄〜褐色の小斑点が無数に生じる。

<ホウ素過剰症>
葉縁が白変するとともに葉脈間が黄緑色を呈する。

<亜鉛過剰症>
下位葉の葉脈間が黄変する。

<銅過剰症>
下位葉の片側の葉脈間部分が淡緑化し始める。

14 ネ ギ

◆欠乏症状

<カリウム欠乏症>
葉に淡黄緑色の条斑が生じる。また，葉先から枯れやすくなる。左端が健全葉，右3点がカリウム欠乏症の葉。

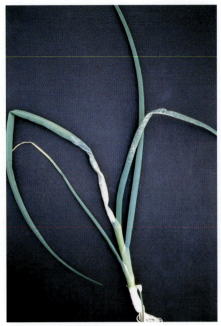

<カルシウム欠乏症>
新葉の中下位部に不整形の白色の枯死斑点が生じる。

<マグネシウム欠乏症>
葉色が淡くなり，葉脈間が淡緑化する。葉先より葉脈間の黄化が進んだ症状。

<鉄欠乏症>
新葉の葉脈間が淡緑化し，やがて新葉全体が淡黄緑色となる。

<マンガン欠乏症>
葉脈間が部分的に淡緑化し，症状が進むと白い不整形の斑点が生じる。

野菜・葉菜類・ネギ—81

＜亜鉛欠乏症＞
生育は衰えるとともに葉色は淡緑化し，古い葉の葉先から枯れ込む。左が健全株，右が亜鉛欠乏株。

＜ホウ素欠乏症＞
葉の奇形がみられるとともに葉には部分的に白～淡褐変した枯死斑点がみられる。

◆過剰症状

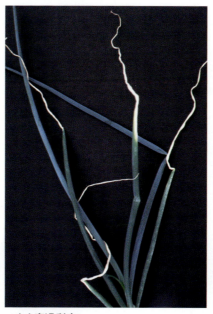

＜マンガン過剰症＞
葉のところどころに黄白色の条が発生し，これが連なって黄白斑を生じる。

＜ホウ素過剰症＞
古葉の先端部から枯死が始まり，漸次下方に枯れ込む。

＜亜鉛過剰症＞
新葉は葉脈間が淡緑化する。

15 タマネギ

◆欠乏症状

＜カリウム欠乏症＞
葉には白〜褐色の枯死斑点が不規則に生じ，生育が衰える。

＜カルシウム欠乏症＞
新葉の先端部あるいは中位に幅の広い不整形の白色の枯死斑点が生じる（左）。球の中央部は心腐れになる（右）。

＜マグネシウム欠乏症＞
葉が淡黄緑化する。

＜鉄欠乏症＞
若葉に淡緑色の筋が発生する。

野菜・葉菜類・タマネギ — 83

<マンガン欠乏症>
鉄欠乏症ほど鮮明ではないが，葉に淡黄緑色の筋が発生する。

<マンガン過剰症>
葉に白色の筋が複数発生する。

◆過剰症状

<ホウ素過剰症>
古葉の葉先から白変し始める。

<亜鉛過剰症>
若い葉に亜鉛過剰に誘導された鉄欠乏症状が発生する。

16 フキ

◆欠乏症状

<カリウム欠乏症>
生育は劣り,古葉の葉脈間に淡褐色の小斑点が発生する。

<マグネシウム欠乏症>
古葉の葉脈間が淡緑〜黄化する。

<鉄欠乏症>
新葉の葉脈間が淡緑〜黄変する。

◆過剰症状

<マンガン過剰症>
古葉の葉脈がチョコレート色に変色する。新葉の葉脈間は淡緑化しやすい。

野菜・根菜類

1 ダイコン

◆欠乏症状

<カリウム欠乏症>
葉脈に沿って褐変化がみられ，葉脈間が淡黄緑化するとともに，葉縁部の淡黄褐変化も認められる。

<カルシウム欠乏症>
新葉の生育は阻害されるとともに，その近傍の葉の葉縁部あるいは葉脈間が黄〜褐変し始める。

<マグネシウム欠乏症>
古葉の葉縁より黄変し始め，症状が進むと葉脈間が黄化する。

<鉄欠乏症>
新葉の葉脈の緑色を残して淡緑化する。

<マンガン欠乏症>
株全体の葉の葉脈間が淡緑化する。

◆86 — ダイコン・野菜・根菜類

＜ホウ素欠乏症＞
葉柄部にはかさぶたのような傷が生じる（左）。新葉の先端部が枯死し，葉が内側に巻き奇形を呈する(右)。

＜亜鉛欠乏症＞
新葉の葉脈間に褐色の小斑点が多数生じ，やがて枯死し始める。

＜銅欠乏症＞
新葉の葉脈間が小斑点状に淡緑化する。

＜モリブデン欠乏症＞
上位葉の葉脈間が淡緑〜黄変するとともに葉脈が褐変したり，葉脈間に褐色の枯死斑点を生じる。

野菜・根菜類・ダイコン—87

◆過剰症状

＜マンガン過剰症＞
古葉の葉脈間や葉脈に沿ってチョコレート色の小斑点が無数に生じる。

＜ホウ素過剰症＞
古葉の葉縁から黄白変し，次第に上位葉に症状は進行する。

＜亜鉛過剰症＞
亜鉛過剰に誘導された鉄欠乏症状を示す。

＜銅過剰症＞
葉柄基部近くに黒褐色の不整形の斑点が発生する（左）。新葉の葉脈間は淡緑化する（右）。

2 カブ

◆欠乏症状

<カリウム欠乏症>
中位葉の葉脈間に不整形の中〜大の斑点が生じる。

<カルシウム欠乏症>
新葉の生育が阻害されるとともに，近傍の若い葉の葉脈間が黄変し，白色のネクロシス斑を生じる。やがてこれらの葉は黄変し，枯死する。

<マグネシウム欠乏症>
古葉の葉縁が黄化するとともに葉脈間が淡緑化する。

<マンガン欠乏症>
古葉の葉縁が黄化するとともに葉脈間が淡緑化する。

<鉄欠乏症>
新葉の葉脈の緑色を残し，葉脈間が淡緑〜黄白化する。

<ホウ素欠乏症>
茎葉は硬くてもろくなり，折れやすい。葉はカリウム欠乏症と同様に外側に巻きやすく，心葉は奇形を呈する。

<亜鉛欠乏症>
新葉の葉色が淡緑化するとともに，葉脈間が黄変し，褐色の小斑点を生じる。

<銅欠乏症>
新葉の葉脈間が小斑点状に淡緑化する。

◆過剰症状

<マンガン過剰症>
葉は黄化し，不整形の褐～白色斑点が無数に生じる。古葉にも同様の斑点が無数に生じる。

<ホウ素過剰症>
葉縁が黄白色を呈する。

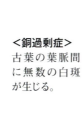

<銅過剰症>
古葉の葉脈間に無数の白斑が生じる。

<亜鉛過剰症>
葉縁より黄化しやすく，また新葉は淡黄緑色を呈する。

3 ニンジン

◆欠乏症状

<カルシウム欠乏症>
新葉の生育が阻害され,枯死しやすい。また,その近傍の葉は外側に巻く傾向を示すが,やがて黄変し,枯死する。

<カリウム欠乏症>
古葉の葉脈間に白斑が発生するとともに葉脈間が淡緑～黄化する。

<マグネシウム欠乏症>
下葉の葉脈間が淡緑化し,上位葉は全体に緑色が淡くなる。

野菜・根菜類・ニンジン — 91

<鉄欠乏症>
新葉は淡緑色を呈する。

<マンガン欠乏症>
全体に淡緑色を呈するが，古葉は葉縁から中心部へと黄変が進む。

<ホウ素欠乏症>
新葉は淡緑色を呈するとともに葉先が外側に巻き，奇形となり，やがて中心部は枯死する。

<亜鉛欠乏症>
生育が劣るとともに，葉縁部あるいは葉柄にアントシアン色素が発現して，紫紅色を呈する。左が健全株，右が亜鉛欠乏株。

◆92—ニンジン・野菜・根菜類

◆過剰症状

<マンガン過剰症>
古葉に褐色の斑点が生ずる(上)。葉柄部には赤紫色の条が発生する(下)。

<ホウ素過剰症>
古葉の葉先から黄褐変する。

<銅過剰症>
新葉は淡緑化し，鉄欠乏症状が発生するとともに生育が阻害される。

4 ゴボウ

◆欠乏症状

＜カリウム欠乏症＞
古葉の葉縁近傍の葉脈間に中～大の褐色の斑点が発生し始める。左が初期，中が中期，右が後期。

＜カルシウム欠乏症＞
中心部に近い葉の表面には無数の白色の微小斑点が発生するとともに葉脈間が淡緑化する。

＜マグネシウム欠乏症＞
古葉の葉縁から褐変化し始め，漸次葉脈間に褐変化が及ぶが，新葉の葉縁部は黄白化する。

＜鉄欠乏症＞
新葉全体が黄化する。また，新葉に近い葉は葉脈の緑色を残し，葉脈間が淡緑化するため，美しい網目模様を呈する。

<マンガン欠乏症>
葉全体が淡緑化し、生育が衰える。左の健全葉に比べ右のマンガン欠乏葉の葉色は淡い。

<ホウ素欠乏症>
茎葉は硬くてごわごわし、中心部の若い葉はよじれて奇形化する（左）。新葉は外側に巻き奇形を呈し、下葉は黄化する（右）。

<亜鉛欠乏症>
新葉は黄化するとともにアントシアン色素が発現する。

<銅欠乏症>
葉脈間が小斑点状に淡緑化し、生育が衰える。

野菜・根菜類・ゴボウ — 95

◆過剰症状

<マンガン過剰症>
古葉の葉脈間には黒褐色の微小斑点が発生するが，若い葉の葉脈は淡黄緑色となる。

<ホウ素過剰症>
古葉の葉脈間に褐色の小斑点が多数生じる（上）。古葉では葉脈間が淡緑〜黄変するとともに褐色の小斑点が多数発生し，若い葉では葉脈間が淡緑〜淡黄緑化する（下）。

<亜鉛過剰症>
新葉は淡緑化し，亜鉛過剰に誘導された鉄欠乏症状が発生する。

<銅過剰症>
左の健全株に比べ，右の銅過剰株の葉色は濃く，生育が著しく阻害される。

◆96 — ジャガイモ・野菜・根菜類

5 ジャガイモ

◆欠乏症状

＜カリウム欠乏症＞
下位葉の葉脈間に不整形の褐色斑が生じ，これが連なって葉が枯死する。

＜カルシウム欠乏症＞
カルシウムは移動性の悪い要素なので欠乏すると先端部の生育が阻害される（上）。上位葉の葉脈間は淡緑〜黄化する（下）。

＜マグネシウム欠乏症＞
下位〜中位葉の葉色が淡黄緑化したり，葉脈間が黄化したりする。左が健全株，右がマグネシウム欠乏株。

＜イオウ欠乏症＞
作物全体の生育に異常は認められないが，上位葉の葉色が淡くなる。下位葉の緑は濃い。

野菜・根菜類・ジャガイモ — 97

<鉄欠乏症>
上位葉が淡緑〜黄変する。

<マンガン欠乏症>
葉脈間が淡緑化する。欠乏症状が著しいと葉脈間は黄変する。

<ホウ素欠乏症>
葉は黄変し，先端部の生育が阻害され，やがて枯死する(右)。イモの内部は障害を受けて，部分的に茶褐色を呈する(左下)。

<銅欠乏症>
葉は淡緑化し，生育が著しく劣る。また，上位葉は枯れやすい。

◆98 — ジャガイモ・野菜・根菜類

◆過剰症状

＜マンガン過剰症＞
葉脈間にチョコレート色の小斑点が生じる（左）。茎部にも同色の小斑点が無数に発生する（右）。

＜亜鉛過剰症＞
下位葉より黄化が進む。

＜ホウ素過剰症＞
下位葉の葉脈間に不整形の褐色斑が生じ，漸次この症状が上位葉に及ぶ。カリウム欠乏症状に類似するので注意が必要である。

＜銅過剰症＞
下位葉から枯死が進む。生育が著しく阻害される。

6 クワイ

◆欠乏症状

<リン欠乏症>
生育は衰え，新葉の葉縁や葉柄基部が赤紫色を呈する（写真提供：内山知二）。

<カルシウム欠乏症>
生育初期には葉縁が淡緑となりクロロシスを発生する（写真提供：内山知二）。

<マグネシウム欠乏症>
古葉の葉脈間が淡緑化し，やがて黄変する（写真提供：内山知二）。

◆過剰症状

<ホウ素欠乏症>
新葉の葉縁が萎縮し，奇形化するとともに，葉柄に亀裂が入り，ヤニが出る。葉柄が生長しない（写真提供：内山知二）。

<ホウ素過剰症>
葉縁に褐色の斑点が生じ，葉脈間にも数珠状の斑点が生じる（写真提供：内山知二）。

<鉄欠乏症>
新葉の葉脈の緑色を残し，葉脈間が淡緑色～黄緑化する（写真提供：内山知二）。

7 サトイモ

◆欠乏症状

<カリウム欠乏症>
古葉の葉縁より黄～褐変し始め，葉脈間にこの症状が進む。左から右へと症状が進む。

<カルシウム欠乏症>
新葉の葉縁部の葉脈間より黄変が始まる。

<鉄欠乏症>
新葉の葉脈の緑色を残し，葉脈間が淡緑化する。

<マグネシウム欠乏症>
葉脈間の黄変が進むとともに，下位葉では葉脈間が褐変枯死する。

野菜・根菜類・サトイモ — 101

<マンガン欠乏症>
新葉の葉脈に沿って緑色が残り，葉脈間が淡緑化する。

<ホウ素欠乏症>
葉に近い葉柄部に横の亀裂が生じ，ヤニを発生する。

◆過剰症状

<マンガン過剰症>
上位葉の葉脈間が淡緑化し，鉄欠乏症状が発生する。

<ホウ素過剰症>
下位葉の葉縁から黄〜褐変し始める。

果　樹

1 ミカン

◆欠乏症状

<カリウム欠乏症>
葉脈間がぼやけたように黄変する。

<カルシウム欠乏症>
新葉の先端部から葉縁にかけて葉脈間が黄変する。

<マグネシウム欠乏症>
結果枝の葉に発現しやすく，葉脈間が淡緑〜黄変する。

<鉄欠乏症>
葉脈の緑色を残して葉脈間が淡緑〜黄白化する。

<マンガン欠乏症>
葉脈に沿って緑色が残り，葉脈間が淡緑化する。

果樹・ミカン — 103

<ホウ素欠乏症>
左2枚の健全な新葉に比べ、右3枚のホウ素欠乏の新葉は葉縁から黄変するとともに葉脈間に黄斑を生じる(左)。幼果期では果皮の表面がコルク化し、落下しやすい(右)。

◆過剰症状

<亜鉛欠乏症>
新葉の葉脈間に鮮明なクロロシスを生じる。マンガン欠乏症状と区別しにくい。

<マンガン過剰症>
葉脈間にチョコレート色の小斑点が発生する。

<ホウ素過剰症>
葉先の葉脈間に淡緑色の小斑点が発生し始め、葉縁から主脈に向かって黄化が広がる。

2 ブドウ

◆欠乏症状

＜チッソ欠乏症＞
チッソ欠乏株(右)は健全株(左)に比べ葉色が淡くなる。生育は全体に不良となり、新梢の伸びが貧弱となる。

＜カリウム欠乏症＞
基部葉の葉縁から黄変し始め、やがて葉脈間まで黄化が及び、葉縁および葉脈間が黄褐変化する。

＜リン欠乏症＞
生育は不良となり、葉は小形化し、葉縁が黄化する。

＜マグネシウム欠乏症＞
新梢基部の葉から、葉脈間が淡緑～黄変あるいは黄白化し、次第に先端葉に及ぶ。カリウム欠乏症状に類似するが、葉縁はあまり黄変しない。

＜カルシウム欠乏症＞
先端部に近い葉の葉脈間が淡黄緑化する。

果樹・ブドウ — 105

<鉄欠乏症>
新梢の先端部にある葉に発生しやすく、その症状は葉脈の緑色を残して葉脈間が淡緑〜黄白化する。このため、葉は美しい網目模様を呈する。

<マンガン欠乏症>
葉脈間が淡緑〜黄変する。

<ホウ素欠乏症>
葉は油浸状に葉脈間が淡緑化し、先端葉や副梢葉に発生しやすい（左）。果実では、生育の初めにホウ素が欠乏すると開花時に花冠が離脱せず、結実不良となる。茎葉は硬くなり、折れやすい（右）。

◆過剰症状

<マンガン過剰症>
基部葉の葉脈はチョコレート色（黒褐色）を呈する。

<ホウ素過剰症>
先端葉は葉脈間の褐変化とともに、葉は外側に巻き、カッピング状となる。

3 リンゴ

◆欠乏症状

<カリウム欠乏症>
果そう葉の葉縁が褐変し，症状の進展とともに焼け症状を呈する（写真提供：松井巖）。

<リン欠乏症>
葉は小形化し，枝は粗皮症状を呈する（写真提供：松井巖）。

<鉄欠乏症>
新梢の若い葉脈の緑色を残して，葉脈間が淡緑〜黄化する（写真提供：松井巖）。

<カルシウム欠乏症>
果実の赤道ていあ部に小斑点が生じる（写真提供：松井巖）。

<ホウ素欠乏症>
果実に現われやすく，果皮面あるいは果肉に障害が発生する（写真提供：松井巖）。

4 ナシ

◆欠乏症状

＜カルシウム欠乏症＞
発育枝の先端葉の葉縁から褐変枯死が始まる（左）。水耕栽培で発見した果実の症状（右）。裂果しやすく果頂部から亀裂が入る（写真提供：高辻豊二）。

＜鉄欠乏症＞
若い葉の葉脈の緑色を残して葉脈間が淡緑～黄白化する（写真提供：和田英雄）。

＜マグネシウム欠乏症＞
葉脈間が淡緑～黄化する（写真提供：高辻豊二）。

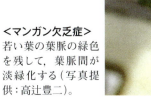

＜マンガン欠乏症＞
若い葉の葉脈の緑色を残して，葉脈間が淡緑化する（写真提供：高辻豊二）。

5 イチジク

◆欠乏症状

<カルシウム欠乏症>
先端部の葉の生育が阻害され，葉は外側に巻きやすく，葉縁や葉先から枯れ上がる(左)。果実では花托部は赤紫色を呈する(右)。

<カリウム欠乏症>
下葉の葉縁葉脈間から黄化し始める。

◆過剰症状

<マグネシウム欠乏症>
下葉の葉脈に沿って淡緑化が進み，葉脈間が部分的に褐変化する。

<マンガン欠乏症>
葉脈に沿って鉄欠乏より緑色を厚く残して葉脈間が淡緑～淡黄緑色を呈する。

<マンガン過剰症>
葉の表面は葉脈あるいは葉脈に沿って葉脈間がチョコレート色を呈する。

<ホウ素欠乏症>
葉柄や葉脈にかさぶたのような傷や亀裂が入る。

<亜鉛欠乏症>
葉が赤みを帯びた濃緑色を呈し，葉脈間のところどころが淡緑化する。

<銅欠乏症>
葉脈に沿って葉脈間が淡緑化する。

花き

1 キク

◆欠乏症状

<カリウム欠乏症>
下位葉の葉縁葉先部分が緑黄色〜褐変し、生育は劣る。葉脈間が黄緑色を呈する。

<カルシウム欠乏症>
先端部の生育が阻害され、近傍の葉の葉脈間が黄化するとともに褐色斑を生じ、葉縁より枯死する。

<マグネシウム欠乏症>
葉脈間が黄白化する。

<鉄欠乏症>
上位葉の葉色が全体に淡緑〜淡黄緑化する。

<マンガン欠乏症>
中上位葉の葉脈間が淡緑化する。

<ホウ素欠乏症>
先端葉は黄白化するとともに，一部にネクロシスを生じて，生育が阻害される。

<亜鉛欠乏症>
茎葉はやや硬くなり，葉は全体に外側に巻きやすい。

<銅欠乏症>
先端部の葉は内側に巻きやすく，やがて枯死する。また，葉色は上位葉ほど淡緑化しやすい。

花き・キク — 111

◆過剰症状

<マンガン過剰症>
下位葉の葉脈間が淡い赤褐色を呈する。

<ホウ素過剰症>
下位葉の葉縁部が帯状に褐変化し，漸次上位葉に症状は進む。

<亜鉛過剰症>
生育が阻害されるとともに，先端部には鉄欠乏症状が発現しやすい。

<銅過剰症>
生育が阻害されるとともに，先端部には鉄欠乏症状が発現しやすい。

2 パンジー

◆欠乏症状

<カリウム欠乏症>
古葉の葉先から白変枯死が始まる。

<カルシウム欠乏症>
新葉とその近傍の葉に暗褐色のシミのような斑点が生じ，中心部の葉の生育が阻害される。

<マグネシウム欠乏症>
全体に緑色が淡くなり，古葉の葉縁より黄変する。部分的に白変枯死する。

<鉄欠乏症>
新葉の葉脈間が淡緑化するとともに，葉先葉縁が枯れやすい。

<マンガン欠乏症>
新葉の葉全体が淡緑～黄緑色となり，鉄欠乏症状に類似する。

花き・パンジー ― 113

＜ホウ素欠乏症＞
茎葉が硬くなり，古葉の葉脈や葉脈間が赤紫色を呈するとともに新葉は黄変し始め，生育が進むと新葉全体が赤紫色に変わる。

＜亜鉛欠乏症＞
葉脈間にアントシアン色素が発現する。

◆過剰症状

＜マンガン過剰症＞
古葉の葉脈に沿って，不規則にあるいは葉脈間にチョコレート色の斑点が生じる。

＜ホウ素過剰症＞
古葉の葉縁のところどころから白変あるいは褐変し始め，漸次上位葉にこの症状が進む。

＜亜鉛過剰症＞
古葉の葉脈が赤紫色〜チョコレート色を呈し，葉脈間に同色の斑点を生じる。

＜銅過剰症＞
葉縁が赤紫色を呈し，生育が衰える。

3 カーネーション

◆欠乏症状

<カリウム欠乏症>
下位葉の葉縁に不整形の白斑が生じる。やがてこの症状は上位葉に及び，生育は衰える。

<カルシウム欠乏症>
先端部の葉先の生育が阻害され，生長点が枯死する。

<鉄欠乏症>
葉脈の緑色を残して葉脈間が黄変する。

<マグネシウム欠乏症>
下位葉から淡黄緑色化し始める。

<ホウ素欠乏症>
葉は外側に巻き，葉先から黄化が進み，やがて先端部の生育が阻害され，株全体が黄化する。

花き・カーネーション — 115

＜亜鉛欠乏症＞
葉先あるいは葉縁から枯死し始める。

◆過剰症状

＜ホウ素過剰症＞
下位葉の葉先から褐変し始め、漸次上位葉にこの症状が及ぶ。

＜マンガン過剰症＞
不整形の褐色斑が葉のところどころに発生する。

＜亜鉛過剰症＞
新葉のところどころに黄緑〜黄色の不整形斑点を生じる。

＜銅過剰症＞
生育は劣り、葉に不整形の黄斑が生じて、外観が極めて悪くなる。

4 ヒマワリ

◆欠乏症状

＜カリウム欠乏症＞
下位葉から葉脈間が淡緑化して、不整形の褐色斑が発生する。

＜カルシウム欠乏症＞
先端部の葉はカッピング症状を示すとともに葉脈間が淡緑化する（上）。中心部の葉は淡緑化し、葉縁が枯れ、生育が阻害される。葉位が下に向かうほど症状は軽減する（下）。

＜マグネシウム欠乏症＞
下位葉の葉脈間が黄褐変する。

＜鉄欠乏症＞
上位葉は葉脈の緑色を残し、葉脈間は淡緑色〜黄変する。

花き・ヒマワリ — 117

<マンガン欠乏症>
葉脈間の緑色が淡緑色を呈する(左)。葉脈間の緑色が淡緑色を呈し，欠乏が激しくなると葉脈間の一部にネクロシスが発生する(右)。

◆過剰症状

<ホウ素欠乏症>
中心葉は淡緑化する(上)。やがて葉脈間が赤みを含んだ褐色を呈し，生育が阻害される(下)。

<マンガン過剰症>
葉脈に沿って褐色の不整形の小斑点が発生する。

<ホウ素過剰症>
下位葉の葉縁が褐変し始めるとともに，葉縁部より中心に向かって不整形の褐色斑が発生する。

<亜鉛過剰症>
上位葉は亜鉛過剰に誘導された鉄欠乏症状を発現する。

5 ヒャクニチソウ

◆欠乏症状

<カリウム欠乏症>
下位葉の葉脈に沿った部分や葉脈間が褐変する。

<カルシウム欠乏症>
先端部の葉先の生育が阻害され，奇形となり，やがて葉先が褐変枯死する。葉位が下に向かうほど症状が軽減する。

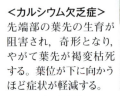

<鉄欠乏症>
葉脈の緑色を残して，葉脈間が淡緑〜黄白化する。

<マグネシウム欠乏症>
下位葉の葉色が全体に淡緑化するとともに葉脈間が黄変する。

<マンガン欠乏症>
葉脈間に淡褐色〜黄白色の小斑点が発生する。

花き・ヒャクニチソウ — 119

＜ホウ素欠乏症＞
先端部は淡緑化し，葉はいびつな形となり，葉の生育が阻害されるとともに葉は外側に巻きやすくなる。

＜マンガン過剰症＞
上位葉の主葉脈が鮮明に黄変するとともに，その他の葉脈もところどころ黄化する。

◆過剰症状

＜亜鉛過剰症＞
上位葉には亜鉛過剰に誘導された鉄欠乏症状が発現する。

＜ホウ素過剰症＞
下位葉の葉脈間に褐色斑を生じ，漸次上位葉にこの症状が広がる。

＜銅過剰症＞
茎部に赤紫色が発現するとともに，下葉から枯れ始める。

6 ストック
◆欠乏症状

<カリウム欠乏症>
下位葉の葉先が淡緑〜淡黄緑化するとともに，この部分に白〜淡褐色の小斑点が生じる。

<カルシウム欠乏症>
先端および上位葉の葉脈間に，褐色の不整形斑点がところどころに生じ，葉はよじれて奇形となる。

<マグネシウム欠乏症>
下位葉の葉脈間が淡緑〜黄化し，次第に上位葉に広がる。

<鉄欠乏症>
上位葉では葉脈の緑色を残し，葉脈間が淡黄緑化する。

<マンガン欠乏症>
葉脈間に無数の白色斑点が生じる。

花き・ストック—121

<ホウ素欠乏症>
葉は外側に巻き，よじれて奇形となり，葉の表面はカビが生えたように白く変色する。

<亜鉛欠乏症>
先端部の葉の縁にアントシアン色素が発現するとともに，葉色は淡緑化する。

◆過剰症状

<マンガン過剰症>
下位葉の葉脈に沿ってあばたのような不整形の斑点症状が生じる。

<ホウ素過剰症>
先端部の葉先も黄〜褐変し，葉脈間のところどころが淡黄緑化する。

<亜鉛過剰症>
先端部の葉の縁にアントシアン色素が発現するとともに，葉色は淡緑化する。

7 キンセンカ

◆欠乏症状

<カリウム欠乏症>
下位葉の葉脈間がぼんやりと褐変し始める。

<カルシウム欠乏症>
新葉の葉先の先端部が障害を受け、奇形となる。

<マグネシウム欠乏症>
下位葉の葉脈間が黄化する。

<マンガン欠乏症>
新葉の葉脈間が淡緑化する。

<鉄欠乏症>
新葉の葉脈の緑色を残して，葉脈間が淡緑〜黄変する。

<ホウ素欠乏症>
茎葉は硬くなり,折れやすくなる。中心部の葉は枯死したり,よじれて奇形化する。

◆過剰症状

<マンガン過剰症>
下葉の葉脈間が白っぽくなり,先端葉に近い上位葉では,葉脈に沿ってところどころが帯状に褐変化が進むとともに,先端葉は黄変する。

<ホウ素過剰症>
葉縁は褐変し,葉脈間は黄変する。

<亜鉛過剰症>
下位葉の葉脈間が淡緑〜黄変し,漸次上位葉にこの症状が及ぶ。

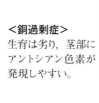

<銅過剰症>
生育は劣り,茎部にアントシアン色素が発現しやすい。

8 スイトピー

◆欠乏症状

<カリウム欠乏症>
下位葉に不整形の白斑が生じ，生育が衰える。

<マグネシウム欠乏症>
葉脈間が淡緑〜淡黄緑色となる。

<カルシウム欠乏症>
未展開葉，展開葉のいずれも葉先の生育が阻害され，障害は先端部ほど強く現われ，成葉では葉縁が白変するとともに，葉脈間に不整形の白斑が生じる。

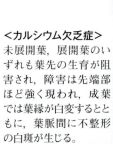

<鉄欠乏症>
先端部の葉色は淡緑〜黄白化する。

<マンガン欠乏症>
葉脈間が淡緑化する。

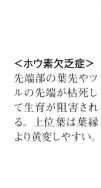

<ホウ素欠乏症>
先端部の葉先やツルの先端が枯死して生育が阻害される。上位葉は葉縁より黄変しやすい。

花き・スイトピー — 125

<亜鉛欠乏症>
葉縁から葉脈間が淡緑〜黄変し，やがて葉全体が黄化する。

<銅欠乏症>
先端部の葉が葉縁より白化し始め，葉全体が白変する。

◆過剰症状

<マンガン過剰症>
下葉の葉脈間に白〜褐色の小斑点が無数に生じる。

<ホウ素過剰症>
下位葉の葉縁から白変し，この症状が上部の葉に及ぶ。

<亜鉛過剰症>
亜鉛過剰に誘導された鉄欠乏症状が先端部に発現し，生育が衰える。

9 マリーゴールド

◆欠乏症状

<カリウム欠乏症>
葉先の葉縁部が黄～褐変する。

<カルシウム欠乏症>
先端部の葉脈間に褐色の枯死小斑点が生じる。

<マグネシウム欠乏症>
欠乏が進むと葉色は赤紫色を呈する。

<マンガン欠乏症>
葉縁の鋸歯状部が黄化し，葉脈間に淡黄緑色の小斑点を生じる。

<ホウ素欠乏症>
先端葉の葉脈間が淡黄緑化し，生育が阻害される。また，茎葉は硬くなり，折れやすくなる。

◆過剰症状

<マンガン過剰症>
上位葉の葉柄および葉脈が黄変しやすく，葉脈間にはチョコレート色の小斑点が生じる。

<ホウ素過剰症>
下位葉の葉縁が褐変化する。

10 シクラメン

◆欠乏症状

<マグネシウム欠乏症>
下葉の葉脈に沿って部分的に褐色化が進み,漸次上位葉にこの症状が広がる。

<マンガン欠乏症>
葉脈あるいは葉脈に沿った部分が褐変あるいは淡いチョコレート色を呈する。

◆過剰症状

<ホウ素過剰症>
下葉の葉縁から褐変し始め,やがて帯状に葉縁は枯れ込む。

<亜鉛過剰症>
新葉は淡緑化しやすく,葉脈および葉脈に沿った部分が淡紅色を呈する。

11 アスター

◆欠乏症状

<カリウム欠乏症>
下位葉の葉縁より黄変し始め，主脈に向かって黄化が進む。

<マグネシウム欠乏症>
下位葉の葉先葉縁付近から淡黄緑化し始め，黄白～黄化し，上位葉にこの症状が進む。

◆過剰症状

<ホウ素過剰症>
下位葉の葉縁が黄変し始め，やがて褐変枯死するが葉脈間に褐色の不整形斑点を生じることがある。

<亜鉛過剰症>
下位葉の葉脈間に淡褐色～褐色の不整形小斑点が生じて，黄化が進み，枯れ始める。

作物別

欠乏・過剰症状の特徴

図解編

普通作物

1 水 稲

◆欠乏症状

マンガン欠乏症
新葉に発生しやすく，葉脈間が淡緑〜
白変し，生育が劣る。欠乏が著しい場
合は下葉から症状が出ることもある。

カルシウム欠乏症
葉先より白〜黄変あるい
は褐変し，枯れ込む。

鉄欠乏症
新葉が黄白変し，部分的
に褐色の斑点が発生する。
葉は枯死しやすい。

カリウム欠乏症
生育は不良で，下葉の葉脈に沿って，赤
褐色の条や不規則な斑点が発生し，や
がて枯死する。いもち病，ごま葉枯病も
同様の斑点が発生するので注意する。

マグネシウム欠乏症
下葉から次第に葉脈間が黄変
するが，葉縁の黄化が目立つ。
下葉は垂れ下がりぎみとなる。

リン欠乏症
生育の初めから草丈が低く，分
げつが少ない。暗緑色になりや
すいが，欠乏が激しいと下葉か
ら黄化が進み，枯死する。

◆過剰症状

亜鉛過剰症
生育は阻害され，
鉄欠乏症と同様の
症状が発生する。

チッソ欠乏症
葉は小さくなり，
葉色は濃緑から
黄変し，分げつ
が少なくなる。

マンガン過剰症
分げつが遅れ初
期生育が不良とな
る。葉脈間には褐
色の斑点が生じ，
連なって条となる。

ホウ素過剰症
葉先が褐変あるいは
葉先に白斑が生じ，
次第に広がる。

臭素過剰症
下葉に褐色の小斑点がで
き，次第に上葉に広がる。

銅過剰症
活着が不良で葉色は淡緑化し，下葉から枯れ上が
るとともに，生育が阻害される。根は新根の伸長
が阻害され，分岐根は太くて短く先端が尖る。

2 小麦

◆欠乏症状

ホウ素欠乏症
生育が劣り，下葉から黄変する。穂先が黄白化するとともに芒が曲がり奇形になる。根は側根の伸びが不良となる。

カルシウム欠乏症
先端葉の葉先がこよりのように細く巻き上がり，生育が著しく阻害されて，黄変枯死する。生育の後期に欠乏すると穂先が白変枯死する。

亜鉛欠乏症
葉脈間にアントシアン色素が出，やがて淡黄緑化するとともに黄〜褐色の小斑点が不規則に発生し，生育が衰える。

鉄欠乏症
新しい葉から症状が出，葉全体が黄白化する。

銅欠乏症
不稔穂が発生する。また，葉はいつまでも緑色を保っているが，次第に葉先から萎凋し，黄白化して枯死する。

マンガン欠乏症
通常は中上葉の葉脈間が淡緑色となるが，欠乏が著しいときは下葉から症状が現われる。

マグネシウム欠乏症
下葉から葉脈間がまだらに黄変する。やがて葉全体が黄変し，枯れ上がる。

カリウム欠乏症
下葉の葉脈間に黄色の小斑点が生じる。下葉から枯れ上がりやすい。

チッソ欠乏症
通常は生育の途中で発生し，葉色は淡緑〜黄変し，やがて枯れ込みが激しくなる。生育の初めから欠乏すると草丈が低く，分げつも少なくなり，生育は極めて不良となる。

リン欠乏症
草丈が伸びず，分げつが少なくなり，生育は停滞する。葉色は黄変するが，チッソ欠乏症ほど黄化が進まず，比較的緑色は保たれる。

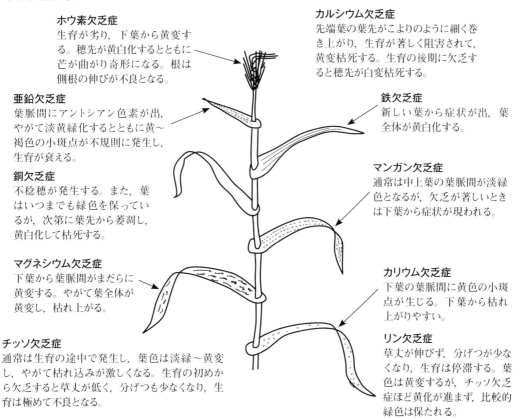

◆過剰症状

亜鉛過剰症
先端葉の葉脈間が淡緑化する。

銅過剰症
生育は阻害され，先端葉は淡緑〜黄変する。根は太く，側根の伸びが悪くなる。

マンガン過剰症
葉先から葉脈間が黄〜白変し，これが連なって黄白化して枯れ始める。根は黒褐色になる。

ホウ素過剰症
下葉の葉先や葉縁に不整形の褐色斑が出，次第に上葉に広がる。

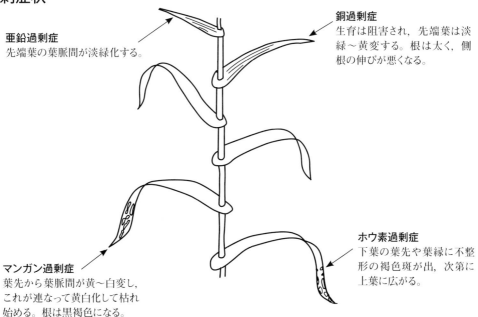

3 大麦

◆欠乏症状

鉄欠乏症
先端葉は葉脈の緑色を残し、葉脈間が黄白化する。

マンガン欠乏症
中上葉の葉脈間が淡緑～黄変する。やがて褐色の小斑点が生じ、枯れ込む。欠乏が著しい場合は下葉から症状が出ることがある。

カリウム欠乏症
生育は衰え、下葉に不整形の白色の大、小斑点を生じる。

チッソ欠乏症
草丈は低く、分げつが少なくなる。下葉から黄変が進み、枯れ上がる。生育初期から欠乏するとほとんど生育しない。

ホウ素欠乏症
草丈が低く、下葉の葉縁から枯れ上がりやすい。穂は発育が阻害される。

カルシウム欠乏症
新葉の葉先の葉縁から黄白化し始め、やがて枯れ込む。

亜鉛欠乏症
生育が著しく劣り、葉脈間に白～淡褐色の不整形斑点が無数に発現する。

銅欠乏症
葉は全体に淡緑色となり、生育が劣る。欠乏が激しいと先端葉が萎凋し、黄白化して枯死する。

マグネシウム欠乏症
下葉の葉縁から黄変し始める。葉色は全体に淡くなる。

リン欠乏症
草丈は低く、分げつがすくなくなる。下葉から黄変が進むが、チッソ欠乏症に比べ緑色は保たれる。やがて、下葉の葉先から黄化が始まる。

◆過剰症状

亜鉛過剰症
先端葉の葉脈間が淡緑化し、鉄欠乏症と同様の症状が出る。

銅過剰症
先端葉が淡緑～黄変し、鉄欠乏症と同様の症状が出る。

マンガン過剰症
下葉の葉脈間に褐色の小斑点が無数に生じ、次第に上葉に広がる。根は黒褐色になる。

ホウ素過剰症
下葉の葉先の葉縁から白変し始め、次第に上葉に広がる。

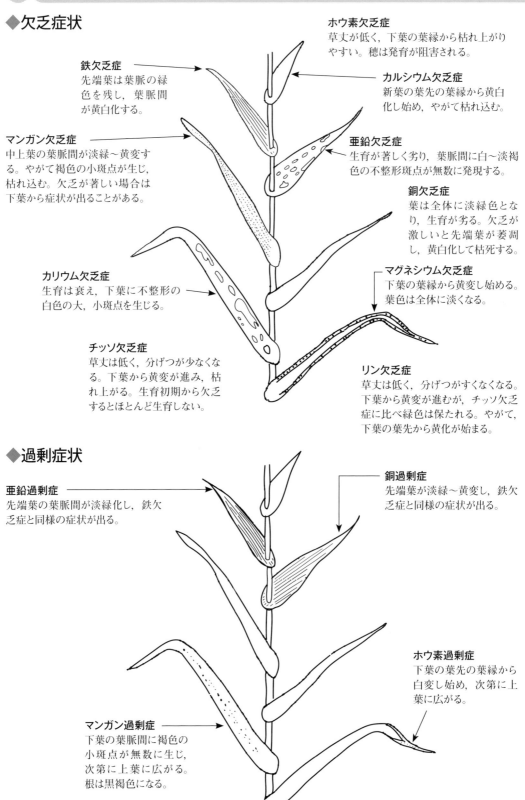

4 トウモロコシ

◆欠乏症状

銅欠乏症
全体に葉色が淡緑色になり、生育が劣る。

亜鉛欠乏症
現地の事例では葉の中位から葉色は淡く黄白色となる。水耕による試験では下葉の葉縁が黄褐変し、やがて枯死する。次第に上葉に広がり、生育は衰える。

ホウ素欠乏症
穂先に障害がみられたり、上葉の葉脈間が白〜黄化し、茎葉はもろくなる。

カルシウム欠乏症
新しい葉に出やすい。新しく出た葉先が前に出た葉にくっついたまま展開したり、生長点部が枯死する。

鉄欠乏症
上葉が葉脈の緑色を残し、葉脈間が淡緑化して、美しい縦縞模様になる。やがて葉全体が黄白色になる。

マンガン欠乏症
中上葉の葉脈間がぼんやりと淡緑化する。欠乏が進むと葉脈間が黄褐変しやすい。

カリウム欠乏症
下葉から黄化が進み、葉脈間に黄白色の条が発生しやすい。生育は衰える。

マグネシウム欠乏症
下葉の葉縁から淡緑化し、やがて黄化する。葉脈間も淡緑化する。

チッソ欠乏症
生育の途中で発生しやすい。下葉から葉色が淡緑化し始め、やがて黄変し、次第に上葉に広がる。生育の初めからチッソが不足するとほとんど生長しない。

リン欠乏症
草丈は低く、生育は不良となる。葉色はチッソ欠乏症のように黄化せず、緑色は維持される。葉にアントシアン色素が発現することもある。

◆過剰症状

亜鉛過剰症
新葉は淡緑化し、鉄欠乏症と同様の症状を示す。

銅過剰症
鉄欠乏症と同様の症状を示す。根は太く、短く、側根の伸びが悪くなる。

マンガン過剰症
葉色はやや淡緑化し、白色の条が発生する。根は黒褐色になりやすい。

ホウ素過剰症
下葉の葉縁から白変が始まり、やがて上葉に広がる。

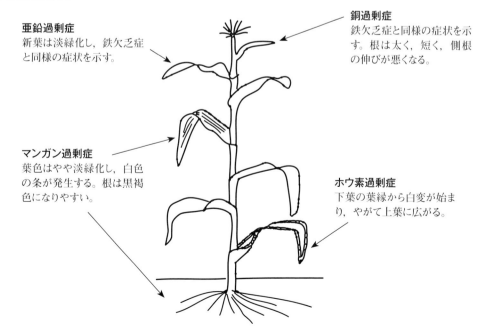

野菜・果菜類

1 トマト

◆欠乏症状

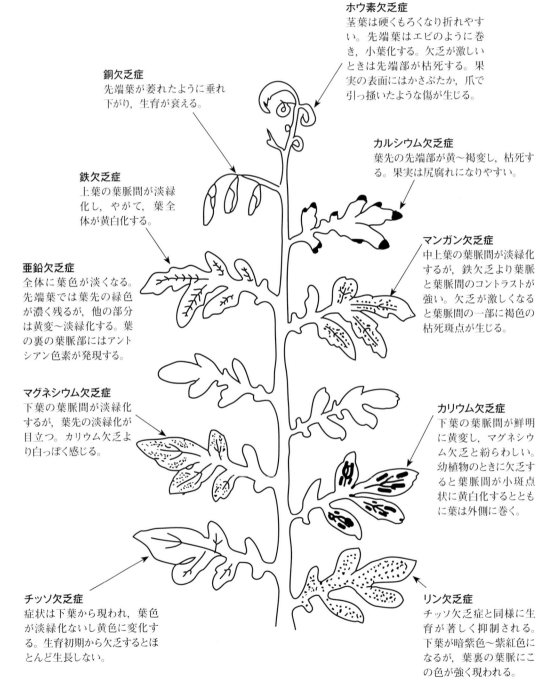

銅欠乏症
先端葉が萎れたように垂れ下がり、生育が衰える。

鉄欠乏症
上葉の葉脈間が淡緑化し、やがて、葉全体が黄白化する。

亜鉛欠乏症
全体に葉色が淡くなる。先端葉では葉先の緑色が濃く残るが、他の部分は黄変～淡緑化する。葉の裏の葉脈部にはアントシアン色素が発現する。

マグネシウム欠乏症
下葉の葉脈間が淡緑化するが、葉先の淡緑化が目立つ。カリウム欠乏より白っぽく感じる。

チッソ欠乏症
症状は下葉から現われ、葉色が淡緑化ないし黄色に変化する。生育初期から欠乏するとほとんど生長しない。

ホウ素欠乏症
茎葉は硬くもろくなり折れやすい。先端葉はエビのように巻き、小葉化する。欠乏が激しいときは先端部が枯死する。果実の表面にはかさぶたか、爪で引っ掻いたような傷が生じる。

カルシウム欠乏症
葉先の先端部が黄～褐変し、枯死する。果実は尻腐れになりやすい。

マンガン欠乏症
中上葉の葉脈間が淡緑化するが、鉄欠乏より葉脈と葉脈間のコントラストが強い。欠乏が激しくなると葉脈間の一部に褐色の枯死斑点が生じる。

カリウム欠乏症
下葉の葉脈間が鮮明に黄変し、マグネシウム欠乏と紛らわしい。幼植物のときに欠乏すると葉脈間が小斑点状に黄白化するとともに葉は外側に巻く。

リン欠乏症
チッソ欠乏症と同様に生育が著しく抑制される。下葉は暗紫色～紫紅色になるが、葉裏の葉脈にこの色が強く現われる。

◆過剰症状

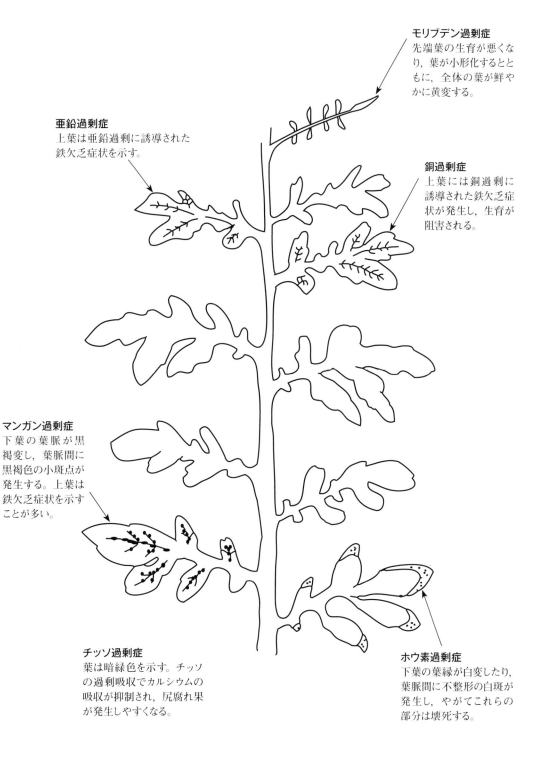

モリブデン過剰症
先端葉の生育が悪くなり，葉が小形化するとともに，全体の葉が鮮やかに黄変する。

亜鉛過剰症
上葉は亜鉛過剰に誘導された鉄欠乏症状を示す。

銅過剰症
上葉には銅過剰に誘導された鉄欠乏症状が発生し，生育が阻害される。

マンガン過剰症
下葉の葉脈が黒褐変し，葉脈間に黒褐色の小斑点が発生する。上葉は鉄欠乏症状を示すことが多い。

チッソ過剰症
葉は暗緑色を示す。チッソの過剰吸収でカルシウムの吸収が抑制され，尻腐れ果が発生しやすくなる。

ホウ素過剰症
下葉の葉縁が白変したり，葉脈間に不整形の白斑が発生し，やがてこれらの部分は壊死する。

2 ナス

◆欠乏症状

亜鉛欠乏症
先端葉の中央部が盛り上がり，奇形化して，生育が悪くなる。茎葉は硬くなる。

ホウ素欠乏症
茎葉は硬くてもろくなり，葉はごわごわする。欠乏が進むと先端葉から黄変し，生育が阻害される。果実への影響は顕著で，がくに近い果皮部が障害を受け，果実内部も褐変する。離層が発達するので，落果しやすい。

カルシウム欠乏症
先端部の生育が阻害され，葉脈間が黄褐変する。果実は尻腐れを生じやすい。

鉄欠乏症
先端葉や新しく出た腋芽が鮮やかに黄変する。根も黄変しやすい。

銅欠乏症
葉色は全体に淡くなり，上葉はやや垂れ気味になる。主葉脈に沿って葉脈間が小斑点状に淡緑化する葉も出る。

マンガン欠乏症
中上葉の葉脈間にかすかな黄斑や褐色の斑点を生じ，草勢が衰え，落葉しやすい。

マグネシウム欠乏症
生育の途中で欠乏が発生しやすく，下葉の葉脈に沿って黄化が進むが，葉脈間が淡黄緑化するケースもある。

カリウム欠乏症
下葉の葉脈間が斑点状に淡緑～黄変する。欠乏が激しくなると，茎，枝，果実のがく付近がケロイド状になる。

チッソ欠乏症
下葉から現われ，葉色が淡緑色～黄色に変化する。

リン欠乏症
生育初期から生育が劣り，下葉が黄褐変する。

◆過剰症状

銅過剰症
生育は阻害されるとともに上葉は淡緑化しやすい。根は褐変する。

亜鉛過剰症
生育は著しく阻害され，上葉は亜鉛過剰誘導による鉄欠乏症状を示す。

ホウ素過剰症
下葉から葉脈間に褐色の小さな壊死斑点を生じ，次第に上葉に広がる。

マンガン過剰症
下葉の葉脈がチョコレート色に変色したり，葉脈に沿って同色の斑点が生じる。葉脈間に黒褐色の斑点を生じやすい。

3 ピーマン

◆欠乏症状

ホウ素欠乏症
茎葉は硬くなり，折れやすい。上葉はよじれて奇形化する。また，果実に障害が発生する。

銅欠乏症
先端葉がカッピング症状を示し，生育が衰える。

カルシウム欠乏症
先端葉はいびつな生長をする。果実には障害が発生しやすい。

鉄欠乏症
上葉の葉脈の緑色を残し，葉脈間が淡緑化する。

イオウ欠乏症
上葉に症状が現われ，淡緑化する。

マンガン欠乏症
中上葉の葉脈に沿って緑色が残り，葉脈間が淡緑化する。

カリウム欠乏症
下葉の葉脈間から黄変し始め，やがて葉全体が黄化する。次第に上葉に移行する。

マグネシウム欠乏症
下葉の葉脈間の緑色が淡緑～黄変する。

チッソ欠乏症
下葉から淡黄緑色に変わる。生育初期から欠乏するとほとんど生長しない。

リン欠乏症
チッソ欠乏症ほど鮮明ではないが，下葉から黄変する。しかし，先端葉は緑色を保っている。生育初期から現われることが多く，生育が劣る。

◆過剰症状

亜鉛過剰症
葉色が全体に淡くなり，葉脈間が淡緑化する。

マンガン過剰症
下葉の葉脈に沿って黒褐色の小斑点を生じ，落葉しやすい。

銅過剰症
根の生育が著しく阻害され，褐変する。また，下葉の葉脈間に褐色の斑点が生じやすい。

ホウ素過剰症
下葉の葉脈間に白～褐色の斑点が生じ，次第に上葉へと広がるとともに下葉の葉縁も黄白化する。

鉄過剰症
下葉の葉脈間に褐色の斑点が生じる。

4 キュウリ

◆欠乏症状

ホウ素欠乏症
茎葉は硬くて，折れやすくなる。欠乏が進むと先端葉は枯死する。ツルには無数の亀裂が入る。果実の表面や内部に障害が生じやすい。

銅欠乏症
先端葉は葉脈間の緑色が淡くなるとともに，萎れたように垂れ下がる。欠乏が激しいと，先端葉は上向きにカッピングする。また，上葉の成葉は葉縁部から中心に向かって葉脈間の緑色が褪色し，淡黄緑色になる。果実は先細り果となる。

カルシウム欠乏症
上葉がカッピング症状を示すとともに葉脈間が黄変する。下葉に向かうほど症状は軽減される。

鉄欠乏症
上葉の葉脈の緑色を残し，葉全体が淡緑色～黄白色となる。根は黄変しやすい。

マンガン欠乏症
中上葉の葉脈に沿って緑色が残り，葉脈間が淡緑色になる。欠乏が甚だしい場合は葉全体が黄化する。

亜鉛欠乏症
中上葉の葉脈間が淡緑色になるので，葉脈部が暗緑色にみえる。欠乏が激しくなると葉脈間に不規則なネクロシスを生じ生育が衰える。

マグネシウム欠乏症
下葉の葉脈間の緑色が失われ，白色化する。また，全体に葉色は淡緑化しやすい。

カリウム欠乏症
下葉の葉縁が黄変し，次第に中心部に及び，葉枯れが進む。

リン欠乏症
通常，緑色を保った状態で生長が止まり，やがて下葉が黄変するが，チッソ欠乏症ほど鮮明ではない。

チッソ欠乏症
下葉から淡緑色～黄色に変化する。

◆過剰症状

チッソ過剰症
葉は暗緑色となり，カルシウムの吸収が抑制される。このため，カルシウム欠乏症が出ることもある。

亜鉛過剰症
先端葉は亜鉛過剰に誘導された鉄欠乏症状を示す。果実は緑色を失い白変する。

鉄過剰症
葉縁が黄化するとともに上葉は下向きにカッピングし，葉脈間のところどころが黄変する。

モリブデン過剰症
葉脈の緑色を残し，葉脈間が鮮やかに黄変する。

マンガン過剰症
下葉の葉脈から褐変し始め，毛茸の部分が黒褐色になる。

ホウ素過剰症
下葉の葉縁より黄～褐変し始め，葉脈間に褐色の斑点を生じる。上葉は小形化するとともに，下向きにカッピングする。

銅過剰症
下葉から葉脈間が黄変し，生育が阻害される。根の伸長が抑制され，先端には太くて短い分岐根がみられる。

5 スイカ

◆欠乏症状

亜鉛欠乏症
葉は外側に巻きやすくなる。また，葉縁から褐変して枯れる。

鉄欠乏症
上葉の葉脈の緑色を残し，葉脈間が淡緑化し始め，やがて葉全体が淡黄緑化する。

マグネシウム欠乏症
葉は全体に淡緑色を示し，下葉の葉脈間には白色のネクロシスを生じる。また，果実がついている付近の葉の葉脈間が黄化し，暗褐色の斑紋が形成され，やがて壊死する葉枯れ症が発生しやすい。

チッソ欠乏症
生育が悪くなるとともに，下葉から黄変し始め，次第に上葉に広がる。

リン欠乏症
チッソ欠乏症のように葉は黄変しないが，生長が停止する。

ホウ素欠乏症
まず先端葉から黄化し始め，やがて生長点部の枯死へと進展する。茎葉は硬くて，折れやすくなる。

カルシウム欠乏症
先端葉の生育が阻害され，欠乏が激しいと枯死する。

銅欠乏症
葉は全体に淡緑化し，中上葉の葉脈間に淡いクロロシスを生じる。

マンガン欠乏症
中上葉の葉脈間が淡緑化するので，葉脈と葉脈間のコントラストが鮮やかとなる。

カリウム欠乏症
下葉の葉縁より黄化が始まり，葉脈間が黄変する。やがて，葉縁は褐変枯死する。

◆過剰症状

亜鉛過剰症
上葉に亜鉛過剰に誘導された鉄欠乏症状が発生する。

マンガン過剰症
下葉の葉脈がチョコレート色に変色し，葉脈間に同色の小斑点が生じる。茎葉部の毛茸の基部も同様に変色する。

銅過剰症
上葉は銅過剰に誘導された鉄欠乏症状を示す。

ホウ素過剰症
下葉の葉縁から黄白化し始めるとともに，葉脈間に小さな黄白斑が発生する。やがて上葉に広がる。

◆ 140 — メロン・野菜・果菜類

6 メロン

◆欠乏症状

ホウ素欠乏症
先端部の生育が阻害され，やがて枯死する。茎部は硬くて，折れやすくなる。また，茎部に亀裂が入り，ツルの先が枯れる。

銅欠乏症
先端部の葉色は淡緑化する。

カルシウム欠乏症
先端葉の葉先の葉脈間から淡緑化し始め，やがて葉脈間が黄変する。

鉄欠乏症
上葉の葉脈間が淡緑色になる。

マンガン欠乏症
中上葉の緑色が全体に淡くなったり，葉脈間が淡緑化する。

マグネシウム欠乏症
下葉の葉脈間から黄褐変し始め，葉脈間が枯れ上がり，次第に上葉へと進む。着果以降は上葉に葉枯れ症となって現われる。

カリウム欠乏症
下葉の葉縁が黄褐変し始め，やがて葉脈間が黄変する。そして，この症状は次第に上葉に進む。

チッソ欠乏症
下葉より黄化が進み，次第に上葉に及ぶ。

リン欠乏症
チッソ欠乏症ほど葉色は黄化せずに，比較的緑色を保ったままで，生長が停止する。

◆過剰症状

亜鉛過剰症
上葉は亜鉛過剰により誘導された鉄欠乏症状を示す。

マンガン過剰症
下葉の葉脈がチョコレート色に変色し始め，次第に上葉に広がる。茎や葉柄の毛茸の基部がチョコレート色に変色する。

ホウ素過剰症
下葉の葉縁が黄褐変し，次第に上葉に広がる。

銅過剰症
下葉の葉脈間から黄変する。

7　カボチャ

◆欠乏症状

カルシウム欠乏症
上葉とりわけ先端葉が生育障害を受ける。先端葉はカッピングしやすい。また，先端に近い葉は葉脈間が黄化するとともに奇形となる。

亜鉛欠乏症
葉は外側に巻き，奇形となる。

マンガン欠乏症
中上葉の葉脈間が淡緑となるが，鉄欠乏症ほど黄変しない。

カリウム欠乏症
下葉の葉縁から黄化が始まり，葉脈間が全体に黄化しやすいが，葉脈間に白色の斑状ネクロシスを生じることもある。

ホウ素欠乏症
先端部の葉は黄化し，葉は外側に巻きやすい。葉柄には横の亀裂を生じやすい。茎葉は硬くてもろくなる。

銅欠乏症
上葉の葉脈間が淡緑色になる。

鉄欠乏症
上葉の葉脈の緑色を残し，葉脈間が淡緑～淡黄緑色になり，やがて黄化する。根は黄変し，リボフラビンを分泌する。

マグネシウム欠乏症
葉色は全体に淡緑化しやすい。

チッソ欠乏症
下葉から葉色が淡緑化し始め，やがて黄変する。

リン欠乏症
葉色は緑色を保ったままで，生長が停止する。

◆過剰症状

亜鉛過剰症
銅過剰症状と同様に鉄欠乏症状が上葉に発現する。

銅過剰症
銅過剰により誘導された鉄欠乏症状が上葉に発生する。根は太くて，側根の伸びが悪くなる。

マンガン過剰症
上葉の緑色が淡くなり，葉脈が白化する。下葉では葉脈の褐変化が進むとともに，葉柄の毛茸の基部も褐変する。

ホウ素過剰症
下葉の葉縁より黄化し始め，やがて上葉に進む。

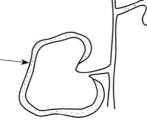

8 イチゴ

◆欠乏症状

鉄欠乏症
新葉の葉脈の緑色を残し、葉脈間が淡緑化するが、欠乏が激しいと葉全体が黄白化する。

銅欠乏症
新葉の葉脈間にクロロシスを生じるが、鉄欠乏のような鮮明さはない。

亜鉛欠乏症
葉色は淡緑化し、生育が劣る。葉は小形化する。

カリウム欠乏症
古葉の葉脈間に褐色の小斑点が生じる。

ホウ素欠乏症
新葉はよじれて展開するので奇形となる。茎葉は硬くなる。

チッソ欠乏症
古葉が赤色に変わり、生育が衰える。

リン欠乏症
緑色を保ったままで、ほとんど生長しない。

カルシウム欠乏症
新葉の葉先が褐変し、チップバーン症状を示す。

マグネシウム欠乏症
古葉の葉脈間に暗褐色の斑点が発生し、部分的にネクロシスを生じる。

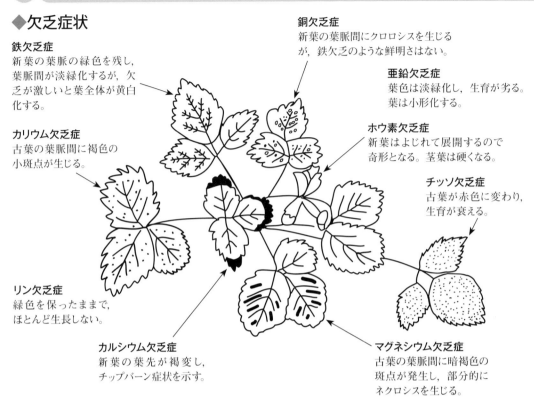

◆過剰症状

銅過剰症
新葉の葉脈間にクロロシスが発生し、鉄欠乏症と類似の症状がみられる。

マンガン過剰症
古葉の葉脈が暗褐色になり、葉脈間のところどころにチョコレート色の斑点を生じる。新葉にはマンガン過剰に誘導された鉄欠乏症状が出る。

亜鉛過剰症
古葉の葉脈が褐変するとともに葉柄に褐色斑が生じる。新葉は亜鉛過剰に誘導された鉄欠乏症状が発生する。アザミウマによる害は葉脈部が茶褐色となるので紛らわしい。

ホウ素過剰症
古葉の葉縁部から褐変枯死が進む。

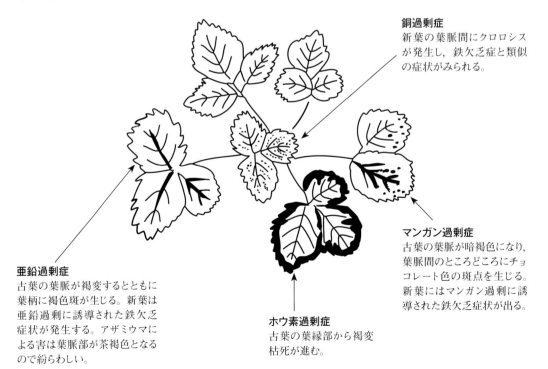

9 オクラ

◆欠乏症状

鉄欠乏症
上葉の葉脈の緑色を残し、葉脈間が淡緑色となり、やがて黄白化する。

マンガン欠乏症
葉脈間が淡緑化する。欠乏が激しくなると葉脈間に褐色の斑点が生じる。

マグネシウム欠乏症
下葉の葉脈間が黄変する。

チッソ欠乏症
下葉から淡緑化しやすく、生育が著しく衰える。

リン欠乏症
葉は淡緑化しないが、生育が衰える。側根の先端部が黒変しやすい。

ホウ素欠乏症
茎葉は硬くて、もろくなり、葉は湾曲する。実は奇形化する。

カルシウム欠乏症
新葉の葉脈に沿って、褐色の小斑点がところどころに生じるが、葉柄近くに多い。また、新葉に近い成葉の葉脈が淡緑化しやすい。

銅欠乏症
葉は垂れ下がりぎみとなる。葉脈に沿って白変が認められる。

カリウム欠乏症
葉脈間が淡緑〜黄変し、次第に上葉に及ぶ。下葉は黄変しやすい。

◆過剰症状

亜鉛過剰症
上葉は亜鉛過剰に誘導された鉄欠乏症状が発生する。

ホウ素過剰症
まず上葉の葉脈間の黄変が観察され、やがて全体の葉に広がる。

マンガン過剰症
上葉は葉脈間が淡緑〜黄変し、鉄欠乏症状を示す。下葉は葉脈間、葉柄部にチョコレート色の小斑点を生じる。茎部には引っ掻き傷のような褐色の傷が入る。

銅過剰症
生育が著しく阻害される。

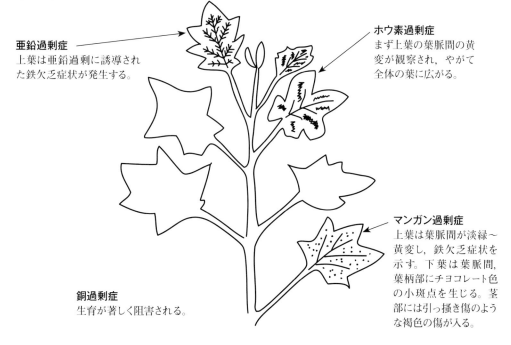

10 エンドウ

◆欠乏症状

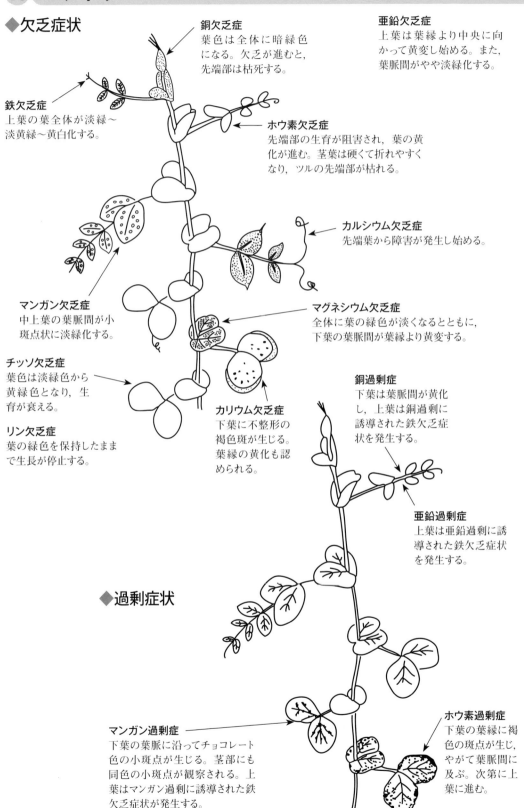

銅欠乏症
葉色は全体に暗緑色になる。欠乏が進むと，先端部は枯死する。

亜鉛欠乏症
上葉は葉縁より中央に向かって黄変し始める。また，葉脈間がやや淡緑化する。

鉄欠乏症
上葉の葉全体が淡緑〜淡黄緑〜黄白化する。

ホウ素欠乏症
先端部の生育が阻害され，葉の黄化が進む。茎葉は硬くて折れやすくなり，ツルの先端部が枯れる。

カルシウム欠乏症
先端葉から障害が発生し始める。

マンガン欠乏症
中上葉の葉脈間が小斑点状に淡緑化する。

マグネシウム欠乏症
全体に葉の緑色が淡くなるとともに，下葉の葉脈間が葉縁より黄変する。

チッソ欠乏症
葉色は淡緑色から黄緑色となり，生育が衰える。

カリウム欠乏症
下葉に不整形の褐色斑が生じる。葉縁の黄化も認められる。

リン欠乏症
葉の緑色を保持したままで生長が停止する。

銅過剰症
下葉は葉脈間が黄化し，上葉は銅過剰に誘導された鉄欠乏症状を発生する。

亜鉛過剰症
上葉は亜鉛過剰に誘導された鉄欠乏症状を発生する。

◆過剰症状

マンガン過剰症
下葉の葉脈に沿ってチョコレート色の小斑点が生じる。茎部にも同色の小斑点が観察される。上葉はマンガン過剰に誘導された鉄欠乏症状が発生する。

ホウ素過剰症
下葉の葉縁に褐色の斑点が生じ，やがて葉脈間に及ぶ。次第に上葉に進む。

11 エダマメ(ダイズ)

◆**欠乏症状**　　ダイズもほぼ同様の症状と思われる。

イオウ欠乏症
新葉が淡緑色になる。

銅欠乏症
先端葉の葉脈間が淡緑化するとともに，カッピング症状を示す。

鉄欠乏症
上葉は葉脈の緑色を残し，網目模様になる。欠乏が激しいと新葉全体が鮮やかに黄変する。

亜鉛欠乏症
葉は全体に淡緑化し，生育が衰える。

カリウム欠乏症
下葉は外側に巻きやすく，葉脈間が黄変する。

チッソ欠乏症
根粒菌によるチッソ固定があるため，葉色が黄変するまでには至らないが，淡緑化する。葉は小形化し，生育が劣る。

ホウ素欠乏症
先端部の生育や子実形成が阻害される。茎葉は硬くてもろくなり，折れやすくなる。側根の伸びが悪くなる。

カルシウム欠乏症
先端葉の葉脈間が淡緑〜黄変するとともに，子実形成が阻害される。

マンガン欠乏症
上葉の葉脈に沿って緑色が残り，葉脈間が淡緑〜黄変する。

マグネシウム欠乏症
全体に葉色が淡緑化し，下葉の葉脈間が黄白化する。

リン欠乏症
全体に生育が悪くなる。下葉から黄化することが多い。

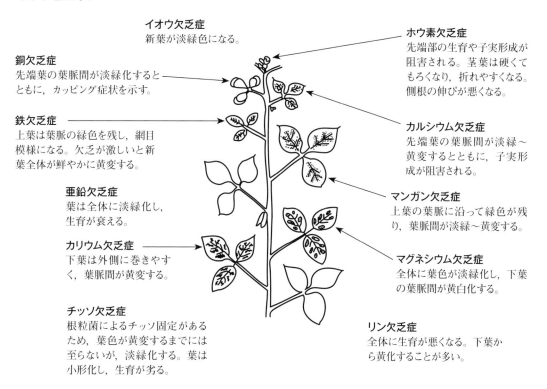

◆**過剰症状**

亜鉛過剰症
生育が阻害されるとともに先端葉は淡くなり，やがて葉脈間に壊死(ネクロシス)を生じる。また，葉脈が褐色に変色するとともに葉脈間に褐色の小斑点が生じる。葉脈に赤褐色の条を発生する紫斑病の症状と似ているので注意する。

鉄過剰症
葉脈間に褐色の斑点が生じる。

マンガン過剰症
葉脈に沿って黒褐色の小斑点が発生し，先端葉はウイルス病にかかったように縮れる。葉柄や茎にも黒褐色の条が認められる。

銅過剰症
先端葉は葉色が淡くなる。葉裏の葉脈は褐変しやすい。また，側根が十分伸長せず，太くて，短くなり，先端は釘状となる。

ホウ素過剰症
下葉の葉脈間に褐色の斑点が発生し，次第に上葉に及ぶ。

過剰障害は生育初期から発生する場合が多く，一般に生育が著しく阻害される。また，カリウム，カルシウム，マグネシウムの過剰吸収は葉枯れを生じやすい。

野菜・葉菜類

1　キャベツ

◆欠乏症状

カルシウム欠乏症
中心葉の生育が阻害され、葉が内側にやや巻くようになり、やがて枯死する。結球期に欠乏すると心腐れになる。

マンガン欠乏症
新葉全体が淡緑〜黄変し、鉄欠乏の症状と紛らわしい。

ホウ素欠乏症
中心部の葉は奇形となる。外葉は外側に巻く傾向があり、葉脈間が黄変する。茎葉は硬くなり、葉柄の外側には横の亀裂が生じる。

カリウム欠乏症
未結球期は外葉の葉脈間に不整形の白斑を生じ、生育が衰える。結球期では外葉の周辺が黄化し、やがて黒褐変して、萎びるといわれている。

鉄欠乏症
新葉は葉脈の緑色を残して、葉脈間が白〜黄変する。

マグネシウム欠乏症
外葉の葉脈間が淡緑化したり、葉脈間が赤紫色になりやすい。

チッソ欠乏症
他の作物ほど葉色に変化はみられないが、外葉は淡紅色になり、生育が衰える。

亜鉛欠乏症
生育が劣り、葉柄や葉にアントシアン色素の発現がみられ、これらは紫紅色を示す。

リン欠乏症
生育は衰え、外葉から淡紅色を示す。チッソ欠乏症と区別がつきにくい。

銅欠乏症
葉色は淡緑化し、生育が衰える。葉は萎れやすい。

◆過剰症状

マンガン過剰症
中心部の葉は淡緑化するとともに、いずれの葉にも褐色あるいはチョコレート色の小斑点が生じ、一部にネクロシスが生じる。

ホウ素過剰症
外葉の葉縁から白〜褐変し、次第に若い葉に及ぶ。

銅過剰症
外葉から黄変し、生育が衰える。

亜鉛過剰症
外葉から黄化が進み、生育が衰える。新葉が淡緑化することもある。

2 ハクサイ

◆欠乏症状

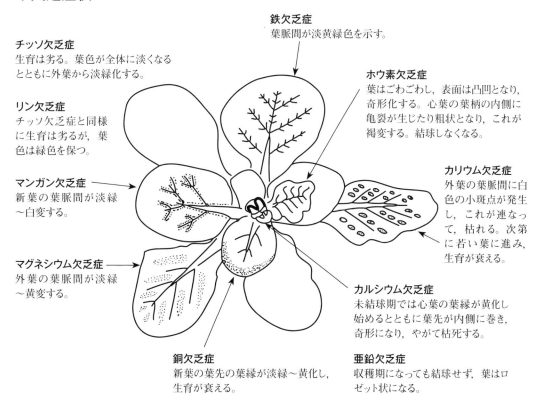

チッソ欠乏症
生育は劣る。葉色が全体に淡くなるとともに外葉から淡緑化する。

リン欠乏症
チッソ欠乏症と同様に生育は劣るが、葉色は緑色を保つ。

マンガン欠乏症
新葉の葉脈間が淡緑〜白変する。

マグネシウム欠乏症
外葉の葉脈間が淡緑〜黄変する。

鉄欠乏症
葉脈間が淡黄緑色を示す。

ホウ素欠乏症
葉はごわごわし、表面は凸凹となり、奇形化する。心葉の葉柄の内側に亀裂が生じたり粗状となり、これが褐変する。結球しなくなる。

カリウム欠乏症
外葉の葉脈間に白色の小斑点が発生し、これが連なって、枯れる。次第に若い葉に進み、生育が衰える。

カルシウム欠乏症
未結球期では心葉の葉縁が黄化し始めるとともに葉先が内側に巻き、奇形になり、やがて枯死する。

銅欠乏症
新葉の葉先の葉縁が淡緑〜黄化し、生育が衰える。

亜鉛欠乏症
収穫期になっても結球せず、葉はロゼット状になる。

◆過剰症状

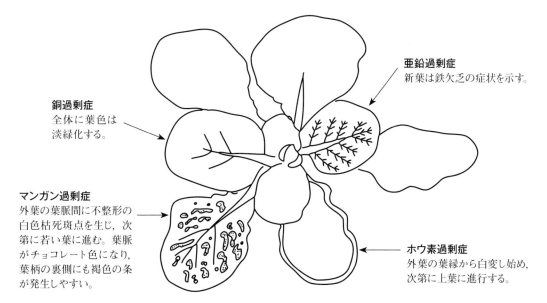

銅過剰症
全体に葉色は淡緑化する。

マンガン過剰症
外葉の葉脈間に不整形の白色枯死斑点を生じ、次第に若い葉に進む。葉脈がチョコレート色になり、葉柄の裏側にも褐色の条が発生しやすい。

亜鉛過剰症
新葉は鉄欠乏の症状を示す。

ホウ素過剰症
外葉の葉縁から白変し始め、次第に上葉に進行する。

3 コマツナ

◆欠乏症状

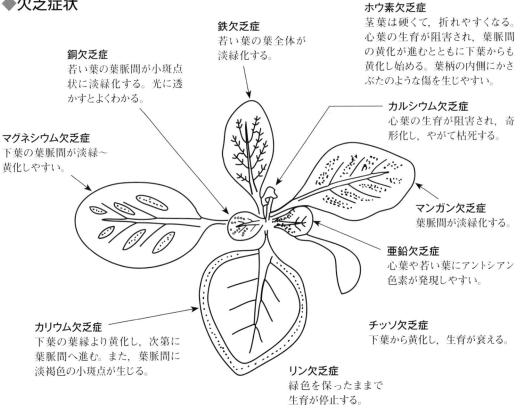

銅欠乏症
若い葉の葉脈間が小斑点状に淡緑化する。光に透かすとよくわかる。

鉄欠乏症
若い葉の葉全体が淡緑化する。

ホウ素欠乏症
茎葉は硬くて，折れやすくなる。心葉の生育が阻害され，葉脈間の黄化が進むとともに下葉からも黄化し始める。葉柄の内側にかさぶたのような傷を生じやすい。

カルシウム欠乏症
心葉の生育が阻害され，奇形化し，やがて枯死する。

マグネシウム欠乏症
下葉の葉脈間が淡緑～黄化しやすい。

マンガン欠乏症
葉脈間が淡緑化する。

亜鉛欠乏症
心葉や若い葉にアントシアン色素が発現しやすい。

カリウム欠乏症
下葉の葉縁より黄化し，次第に葉脈間へ進む。また，葉脈間に淡褐色の小斑点が生じる。

チッソ欠乏症
下葉から黄化し，生育が衰える。

リン欠乏症
緑色を保ったままで生育が停止する。

◆過剰症状

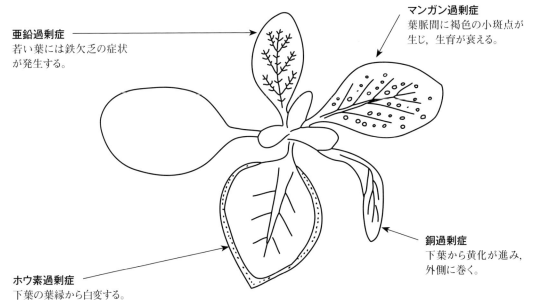

亜鉛過剰症
若い葉には鉄欠乏の症状が発生する。

マンガン過剰症
葉脈間に褐色の小斑点が生じ，生育が衰える。

銅過剰症
下葉から黄化が進み，外側に巻く。

ホウ素過剰症
下葉の葉縁から白変する。

4 チンゲンサイ

◆欠乏症状

マンガン欠乏症
葉脈間がぼんやりと淡緑化する。

鉄欠乏症
若い葉の葉脈間が淡緑化する。症状が激しくなると葉脈の緑色を残して,葉が黄白化する。

亜鉛欠乏症
葉が小形化し,生育が劣る。また,下葉から黄化が進む。

ホウ素欠乏症
心葉がよじれて奇形となる。また,下葉から黄変し,次第に若い葉へ進む。茎葉は硬くて,折れやすくなる。葉は外側に巻く。

カルシウム欠乏症
心葉の生育が阻害される。また,心葉およびその近くの葉に白色の小斑点が生じるとともに,葉柄が褐変する。

銅欠乏症
若い葉の葉柄に近い葉脈間が小斑点状に淡緑化する。光に透かしてみるとよくわかる。

マグネシウム欠乏症
下葉の葉脈間が淡緑化し始め,やがて黄変する。欠乏が激しくなると葉脈間に白色のネクロシスを生じる。

カリウム欠乏症
下葉の葉縁より黄化が始まり,欠乏が激しくなると白色の斑点がどの葉にも出現し,生育が衰える。

チッソ欠乏症
下葉の葉全体が黄化し始め,次第に若い葉に広がり,生育が衰える。

リン欠乏症
生育が劣るが,チッソ欠乏症のように葉は黄変しない。生育が途中で停止し,生長しなくなる。

◆過剰症状

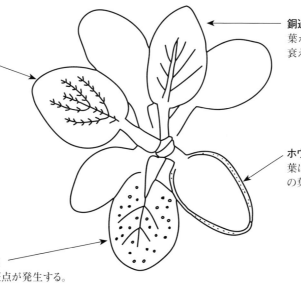

亜鉛過剰症
生育が阻害されるとともに,若い葉は鉄欠乏の症状を示す。

銅過剰症
葉が淡緑化し,生育が衰える。根が褐変する。

ホウ素過剰症
葉はカッピングし,下葉の葉縁から黄白化する。

マンガン過剰症
葉に褐色の小斑点が発生する。若い葉はカッピングする。

◆ 150 — シロナ・野菜・葉菜類

5 シロナ

◆欠乏症状

マンガン欠乏症
全体に緑色が淡くなり，若い葉の葉脈間に小さな白斑が発現する。

鉄欠乏症
若い葉の葉脈間が淡緑化し始め，やがて葉全体が黄変する。

ホウ素欠乏症
心葉の生育が阻害され，やがて枯死する。下葉の葉脈間が黄変し，葉柄基部内部にかさぶたのような傷が生じる。茎葉は硬くなり，葉は外側に巻く傾向を示す。ウイルス病も葉が縮れたり外側に巻くので注意が必要。

マグネシウム欠乏症
全体に葉色が淡くなり，下葉の葉脈間が褐変するが，カリウム欠乏ほど鮮明に黄化しない。

カルシウム欠乏症
心葉の葉先が内側や外側に巻き，奇形となる。近くの葉は凸凹し，葉脈間が淡緑化するとともに白色の小斑点が生じやすい。乾燥害でも葉が巻くが，萎れるので区別は容易。

チッソ欠乏症
下葉から黄変し始め，生育が衰える。

銅欠乏症
葉脈間の緑色が淡緑色となり，葉は網目模様になる。

亜鉛欠乏症
新葉の葉柄にアントシアン色素が出現する。生育が進むと下葉から黄変する。

カリウム欠乏症
下葉の葉脈間が鮮明に黄変し，葉柄部に褐色の条が発生する。

リン欠乏症
チッソ欠乏症と同様に生育は劣る。下葉にアントシアン色素が発現しやすい。

◆過剰症状

亜鉛過剰症
若い葉は鉄欠乏症状を示し，葉脈間に白色の斑点が生じやすい。

ホウ素過剰症
下葉の葉縁が白化し，葉脈間に白色の斑点が発生する。

マンガン過剰症
心葉や若い葉は黄変し始めるとともに縮れたようになり，凸凹状となる。また，葉脈間に白～黄色斑を生じ，生育が衰える。

銅過剰症
葉色は全体に淡くなり，下葉の葉脈間には白色の斑点が生じる。

野菜・葉菜類・ホウレンソウ — 151 ◆

6 ホウレンソウ

◆欠乏症状

鉄欠乏症
若い葉の葉脈の緑色を残して葉
脈間が淡緑～黄変し，やがて葉
全体に黄変する。根は黄変しや
すく，リボフラビンを分泌する。

イオウ欠乏症
若い葉は淡緑化する。

マンガン欠乏症
葉脈に沿って緑色が残り，
葉脈間が淡緑～黄変する。

カルシウム欠乏症
下葉の葉先から障害が発
生する。葉先は黄変し，
内側に巻く傾向を示す。

銅欠乏症
葉色が全体に淡くなり，
生育が衰える。

ホウ素欠乏症
心葉はよじれて奇形となり，
根は側根が伸びずタコ足状
となる。枯死しやすい。

カリウム欠乏症
下葉の葉縁から黄
変し始め，やがて
褐変枯死する。

マグネシウム欠乏症
下葉の葉脈に沿って白変が
進み，やがて連なって葉脈
間が白変する。若い葉は淡
緑色になる。

亜鉛欠乏症
葉脈間に褐～黄色の斑点が
発生し，やがてネクロシスを
生じ，生育が衰える。

チッソ欠乏症
下葉から黄変し始め，
葉色は全体に淡緑化
する。生育が衰える。

リン欠乏症
下葉は赤みを含む黄色と
なり，生育が劣る。

◆過剰症状

モリブデン過剰症
下葉の葉縁から葉脈間が黄変し，
葉柄が赤紫色になる。

銅過剰症
若い葉が淡緑化する。

マンガン過剰症
下葉の葉縁から葉
脈間が黄変し始め
るとともに，褐色
の小斑点が生じる。
また，下葉の葉脈
が部分的にチョコ
レート色を呈する。
これらの症状は次
第に若い葉に進む。

亜鉛過剰症
若い葉は黄変し，亜鉛過剰
に誘導された鉄欠乏症状が
発生する。

ホウ素過剰症
下葉の葉縁から白変し，
葉脈間に広がる。

7 シュンギク

◆欠乏症状

鉄欠乏症
若い葉の葉脈間が鮮やかに黄変する。

マグネシウム欠乏症
下葉の葉脈間が淡緑化～黄変する。

カリウム欠乏症
下葉の葉脈間に不整形の白～褐色の小斑点が生じる。

カルシウム欠乏症
心葉あるいはその近くの葉の葉先が枯れたり、褐色の小斑点が発生する。

ホウ素欠乏症
心葉の生育が阻害されるとともに茎葉は硬くなり、葉柄に亀裂が入る。

マンガン欠乏症
若い葉の葉脈間が淡緑～黄変する。

チッソ欠乏症
生育が劣り、下葉から葉色が淡緑化する。

リン欠乏症
生育が劣るが、チッソ欠乏症状ほど淡緑化しない。

亜鉛欠乏症
葉脈間にまばらな状態で黄変が進む。

◆過剰症状

亜鉛過剰症
若い葉は鉄欠乏の症状と全く同様の症状を示す。

マンガン過剰症
下葉の葉縁から黄白化し、次第に若い葉に広がる。

ホウ素過剰症
下葉の葉先葉縁から褐変化が進む。

銅過剰症
若い葉の葉脈間が淡緑化する。

8 レタス

◆欠乏症状

亜鉛欠乏症
外葉から枯れ込み,生育が衰える。

カリウム欠乏症
外葉の葉脈間に褐色の不整形斑点を生じ,生育が衰える。

ホウ素欠乏症
茎葉は硬くなり,葉は外側に巻きやすくなる。心葉の生育が阻害されるとともに,葉は黄化する。側根の生育が悪くなる。

鉄欠乏症
全体に葉色が淡緑化する。

マンガン欠乏症
葉脈間が淡緑化し,白い小斑点が不規則に生じやすい。

カルシウム欠乏症
新しい葉の葉脈が褐変するとともに,生育が阻害される。

チッソ欠乏症
外葉から黄変し,生育が衰える。

リン欠乏症
生育は劣るが,チッソ欠乏ほど黄化が進まない。

マグネシウム欠乏症
外葉の葉脈間が黄変し始め,次第に上葉に広がる。

◆過剰症状

マンガン過剰症
外葉の葉脈間に褐色の微小斑点が生じるとともに,若い葉の葉脈間が淡緑〜黄変する。

銅過剰症
生育が阻害され,根が褐変する。

亜鉛過剰症
葉色は全体に淡緑化し,葉縁から枯れ込む。

ホウ素過剰症
外葉の葉縁に不整形の斑点が生じる。

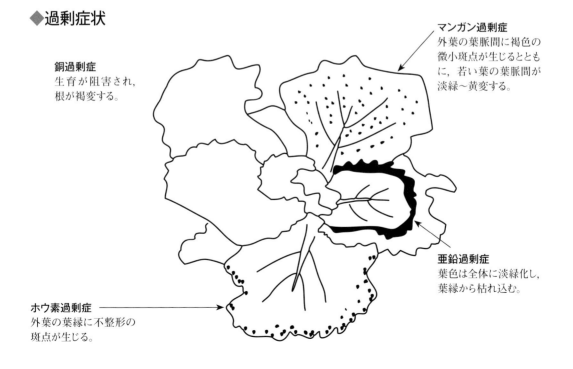

9 セルリー

◆欠乏症状

チッソ欠乏症
下葉から白〜黄変し，生育が衰える。

リン欠乏症
下葉から黄変するが，若い葉の葉色はチッソ欠乏症に比べ，やや濃い。

鉄欠乏症
若い葉の葉脈間が黄〜白変し始め，やがて葉色は白色化する。

カルシウム欠乏症
生長点部の生育は阻害され，中心部の若い葉が枯死するとともに，これらに近い葉の葉先の葉脈間に白〜褐色の斑点が生じ，これが連なって葉縁部が枯死する。

マンガン欠乏症
葉縁部の葉脈間が淡緑〜黄白化しやすい。

イオウ欠乏症
株全体が淡緑化するが，若い葉がとくに淡緑色を示す。

ホウ素欠乏症
茎葉部に無数の亀裂が入り，心葉の生育が阻害される。また，中心部の若い葉は奇形化し，生育は劣る。

カリウム欠乏症
下葉の黄変が進むとともに葉脈間に褐色の小斑点が生じる。この症状は次第に上葉に進み，生育が衰える。

銅欠乏症
葉色は淡緑化し，下葉に黄〜褐色の斑点が生じやすい。

亜鉛欠乏症
葉は外側に巻きやすく，茎部にアントシアン色素が発現する。

マグネシウム欠乏症
葉色は全体に淡緑化する。

◆過剰症状

マンガン過剰症
下葉の葉縁から黄変し，褐色の小斑点が生じ，次第に若い葉に進む。

ホウ素過剰症
中心部の若い葉は矮小奇形化し，茎部の内側，外側に褐色の条が発生する。

亜鉛過剰症
下葉の葉脈から黄化が始まり，やがて葉全体が黄化する。生育は衰える。

モリブデン過剰症
下葉の葉脈が黄変し，葉の先端から黄化が全体に広がる。

銅過剰症
若い葉は鉄欠乏の症状を示し，生育が衰える。側根が伸びず不良となる。

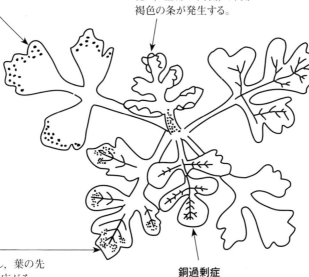

10 ミツバ

◆欠乏症状

カリウム欠乏症
古葉の葉先の葉縁部から褐変し、やがて帯状に褐変化が進み、枯死する。

マンガン欠乏症
生育が劣る。新葉の葉脈間が淡緑化し、葉脈の緑色が残りやすい。欠乏が激しくなると鉄欠乏との見分けが難しくなる。

マグネシウム欠乏症
古葉の葉脈間が淡緑化し始め、やがて黄変する。

チッソ欠乏症
生育が劣り、古葉から黄化が始まる。

リン欠乏症
古葉から黄化が始まるが、チッソ欠乏症ほど鮮明に黄化せず、中心部の葉は比較的濃い緑色を保つ。

銅欠乏症
葉脈間が淡緑色になり、生育が衰える。

亜鉛欠乏症
新葉は葉脈間が淡緑〜黄化し、未展開葉の葉縁が枯死する。

カルシウム欠乏症
新葉の葉脈間に褐色の小斑点が生じ、未展開葉は障害を受け、奇形となる。また、近くの葉の葉脈は褐変する。

ホウ素欠乏症
未展開葉およびそれに近い新葉の葉先が褐変枯死する。茎葉は硬くなる。

鉄欠乏症
新葉の葉全体が淡緑化する。

◆過剰症状

マンガン過剰症
古葉の葉脈間にチョコレート色の斑点が生じる。

亜鉛過剰症
古葉の葉脈が淡黄緑化し、やがて葉全体が黄変する。

ホウ素過剰症
古葉の葉縁から褐変枯死する。

銅過剰症
古葉の葉脈間が淡緑〜黄変する。根は褐変しやすい。

11 パセリ

◆欠乏症状

銅欠乏症
生育が劣る。とくに，根の生育が悪くなる。

鉄欠乏症
新葉の葉色が淡緑〜黄変する。

リン欠乏症
生育が劣り，古葉の葉脈にアントシアン色素が出現する。

カルシウム欠乏症
新葉の葉縁が淡緑〜黄変する。未展開葉の生育が阻害される。

チッソ欠乏症
古葉から黄化が始まるとともに，生育が衰える。

ホウ素欠乏症
中心部の生育が阻害されるとともに，古葉から黄化しやすい。茎葉は硬くなる。

カリウム欠乏症
古葉の葉縁から褐変し，生育が衰える。

マグネシウム欠乏症
古葉から葉色が淡くなり，やがて黄変する。

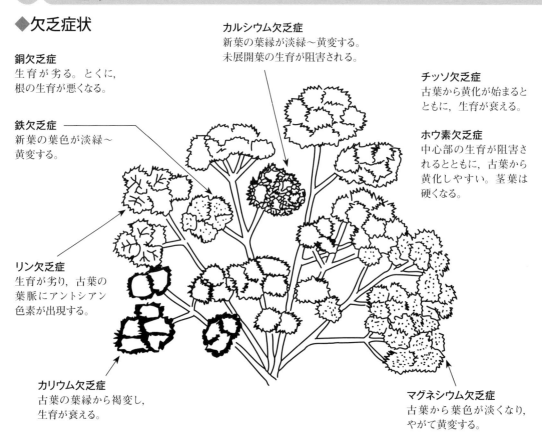

◆過剰症状

銅過剰症
生育が阻害され、古葉から黄化が進む。

ホウ素過剰症
古葉の葉縁が赤褐色になり，次第に新しい葉に及ぶ。

マンガン過剰症
古葉の葉縁部に褐色の小斑点が生じる。

亜鉛過剰症
生育が阻害され，古葉から黄化する。

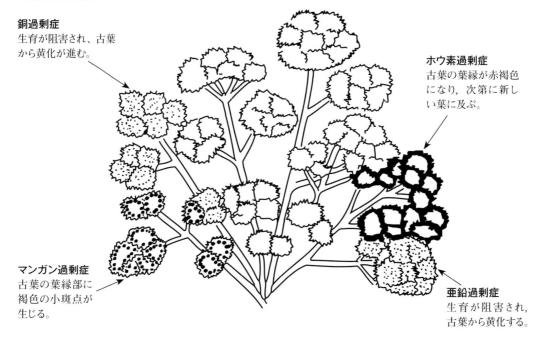

12 シ ソ

◆欠乏症状

カルシウム欠乏症
上葉はカッピングするとともに,葉脈間が淡緑化し,褐色の小斑点が生じる。

亜鉛欠乏症
生育が劣り,葉が外側に巻きやすくなる。

ホウ素欠乏症
先端部の生育が阻害され,奇形となる。葉脈の一部に褐色の条斑が生じる。茎葉は硬くてもろくなる。根は側根が伸びない。

銅欠乏症
上葉の葉脈に沿って葉脈間が小斑点状に淡緑化する。

鉄欠乏症
上葉の葉脈間が淡緑化し始め,やがて葉全体が黄白化する。

マンガン欠乏症
葉脈の緑色を残し,葉脈間が淡緑化する。鉄欠乏症のように葉全体が黄白化しない。

カリウム欠乏症
葉は外側に巻き,葉脈間に不整形の褐色斑が生じる。

マグネシウム欠乏症
葉脈間が黄化しやすい。葉色は全体に淡緑化する。

チッソ欠乏症
生育が悪く,葉色は淡緑化する。下葉から黄変し始め,やがて上葉に進む。

リン欠乏症
生育は途中で停止するが,チッソ欠乏症のように葉は黄化しない。

◆過剰症状

銅過剰症
生育が阻害されるとともに上葉には鉄欠乏の症状が発生する。

亜鉛過剰症
先端葉の葉脈が淡黄緑色になるとともに葉柄に近い部分が淡緑化する。また,上位成葉の葉脈に沿って褐色の斑点が生じる。

マンガン過剰症
上葉はウイルス病にかかったように縮れ,葉脈間がところどころで白変したり,黒褐色の不整形の斑点を生じる。

ホウ素過剰症
葉縁が褐変するとともに,葉脈間に黄斑を生じ,やがて褐色の斑点に変わる。

13 カリフラワー／ブロッコリー

◆欠乏症状

亜鉛欠乏症
生育が劣り，葉あるいは葉柄にアントシアン色素の発現がみられ，紫紅色になる。

鉄欠乏症
上葉の葉脈間が淡緑～黄変する。

マンガン欠乏症
上葉の葉脈間に白～黄色の小斑点が無数に生じる。

銅欠乏症
葉は萎れて垂れ下がり，生育は衰える。

ホウ素欠乏症
茎葉は硬くて，折れやすくなるとともに，先端葉の生育が阻害され，葉は外側に巻き，奇形となる。中心部はやがて枯死する。また，下葉から黄化が始まる。

チッソ欠乏症
下葉から淡褐色化する。生育は衰える。

リン欠乏症
下葉にアントシアン色素の発現が認められるが，チッソ欠乏ほど赤くならない。生育は劣る。

カリウム欠乏症
下葉の葉脈間に不整形の淡緑～肌色の斑点が生じ，これが連なり緑色を失う。次第に上葉に進展する。

マグネシウム欠乏症
下葉の葉脈間が淡緑色になり，やがて，鮮やかに黄変する。

カルシウム欠乏症
先端部の生育は阻害され奇形となる。また，先端近くにある葉には淡緑～褐色の斑点が生じるとともに葉脈間が黄化して，上葉から枯死する。

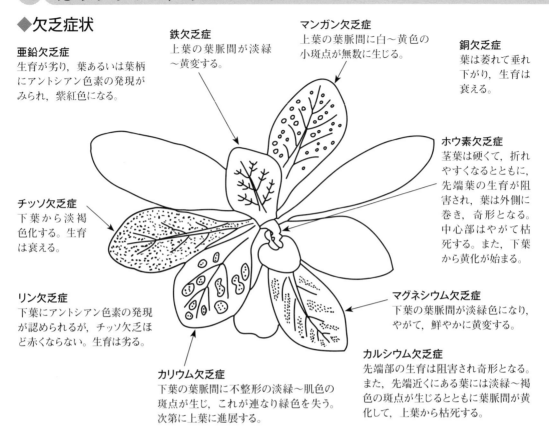

◆過剰症状

マンガン過剰症
先端葉は黄白化するとともに，上葉には黄～褐色の斑点が生じる。

銅過剰症
下葉の葉の片側から黄変しやすい。

亜鉛過剰症
全体に葉色が淡くなるが，下葉の葉脈間が黄変しやすい。

ホウ素過剰症
下葉の葉縁から白変する。

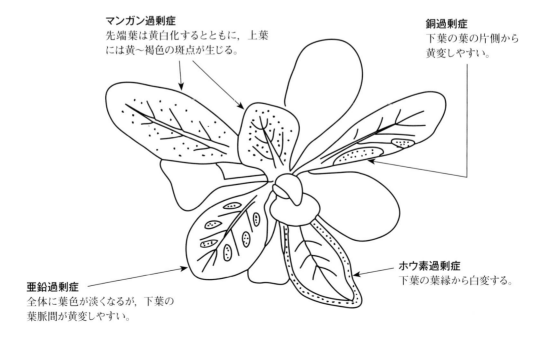

14 ネ ギ

◆欠乏症状

マグネシウム欠乏症
葉色が淡くなり，葉脈
間が淡緑化する。

マンガン欠乏症
葉脈間が部分的に淡緑
化し，症状が進むと白い
不整形の斑点を生じる。

銅欠乏症
葉色が淡くなり，
生育が衰える。

リン欠乏症
チッソ欠乏症ほど葉色は淡緑
化しないが，分げつが悪く，
生育が停止する。

チッソ欠乏症
生育が悪くなるとともに，
葉色は淡緑化する。

カリウム欠乏症
葉に淡黄緑色の条斑が生じる。
また，葉先から枯れやすくなる。

カルシウム欠乏症
新葉の中下位部に不整形の
白色の枯死斑点が生じる。

鉄欠乏症
新葉の葉脈間が淡緑化する。やがて，
新葉全体が淡黄緑色となる。

ホウ素欠乏症
欠乏が激しいと新葉の生育が阻害され，
枯死する。奇形化しやすい。

◆過剰症状

ホウ素過剰症
古葉の先端部から枯死が始まり，
次第に下方に枯れ込む。

マンガン過剰症
葉のところどころに黄白色
の条が発生し，これが連
なって黄白斑を生じる。

亜鉛過剰症
新葉は葉脈間が
淡緑化する。

銅過剰症
生育は阻害され，
新葉は鉄欠乏に類
似の症状を示す。

15 タマネギ

◆欠乏症状

鉄欠乏症
新葉の葉脈間が黄化する。症状が進むと葉全体が鮮やかに黄変する。

ホウ素欠乏症
新葉の生育が阻害されて、葉の奇形がみられるとともに、緑色を失い、黄変する部分が認められる。また、球の肥大が進まず小玉となり、収量を低下させる。

イオウ欠乏症
新葉の葉色が淡くなる。

カルシウム欠乏症
新葉の先端部あるいは中位に幅の広い不整形の白色の枯死斑点が生じる。また、球の中央部は心腐れになる。

カリウム欠乏症
古葉の葉脈間に白〜褐色の枯死斑点が不規則に生じ、生育が衰える。べと病などの病斑と類似するので注意する。

チッソ欠乏症
葉色は淡緑化し、生育は衰える。

リン欠乏症
生育は劣るが、葉には特別な症状は観察されない。

マグネシウム欠乏症
葉脈間が淡緑〜黄変する。

◆過剰症状

ホウ素過剰症
古葉の葉先から白変する。

亜鉛過剰症
新葉に鉄欠乏の症状と全く同様の症状が発生する。

マンガン過剰症
葉に黄色の条が発生する。

銅過剰症
鉄欠乏症と同様の症状が新しい葉にみられ、葉脈間が黄変する。

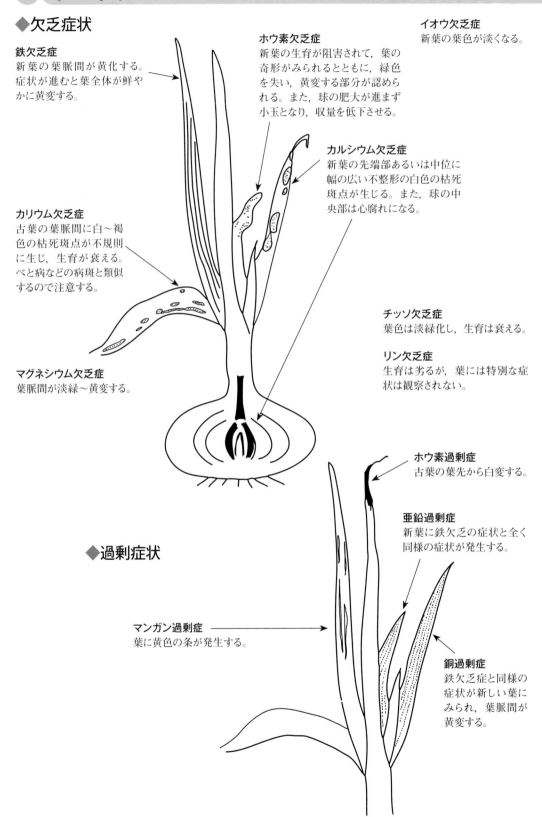

16 フ キ

◆欠乏・過剰症状

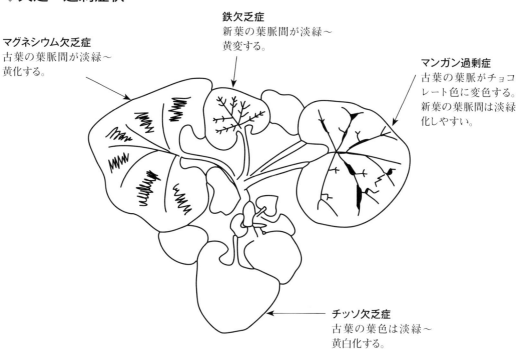

マグネシウム欠乏症
古葉の葉脈間が淡緑～黄化する。

鉄欠乏症
新葉の葉脈間が淡緑～黄変する。

マンガン過剰症
古葉の葉脈がチョコレート色に変色する。新葉の葉脈間は淡緑化しやすい。

チッソ欠乏症
古葉の葉色は淡緑～黄白化する。

野菜・根菜類

1 ダイコン

◆欠乏症状

銅欠乏症
葉色は淡緑化し，萎れやすくなる。新葉の葉脈間が小斑点状に淡緑化する。

マンガン欠乏症
新葉の葉脈間が淡緑化する。

カリウム欠乏症
古葉の葉縁より黄変し始め，生育が劣る。

チッソ欠乏症
全体に緑色が淡くなるが，古葉から黄白化し始め，生育が衰える。

リン欠乏症
古葉から黄変し始めるが，チッソ欠乏症ほど黄化が進まず，先端葉は緑色を保つ。

カルシウム欠乏症
新葉の生育は阻害されるとともに，その近くの葉の葉縁は褐変枯死する。

亜鉛欠乏症
新葉の葉脈間に褐色の小斑点が多数生じ，やがて枯死し始める。

モリブデン欠乏症
新葉が淡黄緑化するとともに葉脈間に褐色斑を生じ，葉は鞭状に奇形化する。

鉄欠乏症
新葉が葉脈の緑色を残し，黄変する。

ホウ素欠乏症
葉は硬化し，折れやすくなる。新葉の先端部が枯死するとともに，内側に巻き奇形化する。古葉の葉縁は黄変し，やがて葉脈間が黄白化する。葉は外側に巻きやすく，葉柄部にかさぶたのような傷が生じる。生育の後半に発生すると根の内部が黒褐色に侵される。

マグネシウム欠乏症
古葉の葉縁より黄変し始め，やがて葉脈間が黄化する。

◆過剰症状

亜鉛過剰症
鉄欠乏症に類似した症状を示す。

マンガン過剰症
古葉の葉脈間に茶褐色の小斑点が無数に生じる。

銅過剰症
古葉の葉の裏には茶褐色の小斑点が無数に発生し，新葉の葉脈間は淡緑化する。また，葉柄基部に黒褐色の不整形の斑点が発生する。

ホウ素過剰症
古葉の葉縁から白変し，次第に上葉に進行する。

2 カブ

◆欠乏症状

チッソ欠乏症
古葉から黄変が始まり，葉はやがて枯れ込む。生育は衰える。

リン欠乏症
古葉から黄変するが，チッソ欠乏症ほど黄化しない。新葉は比較的濃い緑色を保つ。

マンガン欠乏症
全体に葉色は淡くなる傾向を示し，葉脈間が淡緑化する。

カリウム欠乏症
全体に葉は外側に巻き，古葉の葉縁から黄化し，生育が衰える。また，中葉の葉脈間に不整形の中〜大の斑点が生じる。

鉄欠乏症
新葉の葉脈の緑色を残し，葉脈間が黄化する。

ホウ素欠乏症
茎葉は硬くてもろくなり，折れやすい。葉は外側に巻きやすく，症状が進むと黄変する。心葉の生育は阻害されやすく，奇形となる。根の表面はさめ肌状になり，内部にも障害が発生しやすい。

銅欠乏症
新葉の葉脈間が小斑点状に淡緑化する。

カルシウム欠乏症
新葉の生育が阻害されるとともに，近くの若い葉の葉脈間が黄変し，白色のネクロシス斑を生じる。やがてこれらの葉は黄変し，枯死する。

亜鉛欠乏症
新葉の葉色が淡緑化するとともに，葉脈間が黄変し，褐色の小斑点を生じる。

マグネシウム欠乏症
古葉の葉縁から黄化が始まる。

◆過剰症状

マンガン過剰症
新葉は黄化し，褐〜白色斑点が無数に生じる。古葉にも同様の斑点が無数に生じる。

亜鉛過剰症
葉縁より黄化しやすい。新葉は淡黄緑色になる。

銅過剰症
古葉の葉脈間に無数の白斑を生じる。

ホウ素過剰症
古葉の葉縁から黄白化し始める。

3 ニンジン

◆欠乏症状

チッソ欠乏症
葉色は全体に淡緑色となり，古葉から黄化が始まる。

リン欠乏症
チッソ欠乏症と同様に生育が衰える。

カルシウム欠乏症
新葉の生育が阻害され，枯死しやすい。その近くの葉は外側に巻く傾向を示すが，やがて黄変し，枯死する。

ホウ素欠乏症
新葉は淡緑色になるとともに葉先が外側に巻き，奇形となる。やがて中心部は枯死する。根部の表面はさめ肌状になりやすい。

マンガン欠乏症
全体に淡緑色になるが，古葉の葉縁から黄変する。

鉄欠乏症
新葉は淡緑色になる。

マグネシウム欠乏症
全体に緑色が淡くなる。また，葉脈間が淡緑化する。

銅欠乏症
生育が劣り，全体に葉色は淡緑化する。

カリウム欠乏症
古葉の葉縁から黄化が進む。

亜鉛欠乏症
生育が劣るとともに，新葉の葉縁部あるいは葉柄に紫紅色のアントシアン色素が発現する。

◆過剰症状

亜鉛過剰症
新葉が淡緑化する。

ホウ素過剰症
古葉の葉先から黄褐変する。

銅過剰症
新葉が緑色を失い，黄白化する。

マンガン過剰症
古葉の葉縁付近に褐色の斑点を生じ，葉柄部には褐色の条が発生する。

4 ゴボウ

◆欠乏症状

リン欠乏症
生育は劣るが，チッソ欠乏症ほど黄化が進まない。

チッソ欠乏症
葉色は淡くなり，やがて古葉から褐変枯死する。

マグネシウム欠乏症
新葉の葉縁部が黄白化するとともに，古葉の葉縁から葉脈間が褐変し始める。

カリウム欠乏症
古葉の葉脈間に中〜大の褐色の斑点が発生し，やがて枯れる。

鉄欠乏症
新葉全体が黄化する。新葉に近い葉は葉脈の緑色を残し，葉脈間が淡緑化するため，美しい網目模様になる。

銅欠乏症
新葉の葉脈間が小斑点状に淡緑化し，生育が衰える。

亜鉛欠乏症
新葉は黄変し，アントシアン色素が発現しやすい。

カルシウム欠乏症
心部に近い葉の表面には無数の白色の小斑点が発生するとともに葉脈間が淡緑化する。

マンガン欠乏症
葉全体が淡緑化し，生育が衰える。

ホウ素欠乏症
茎葉は硬くてごわごわし，新葉は外側に巻き奇形化する。

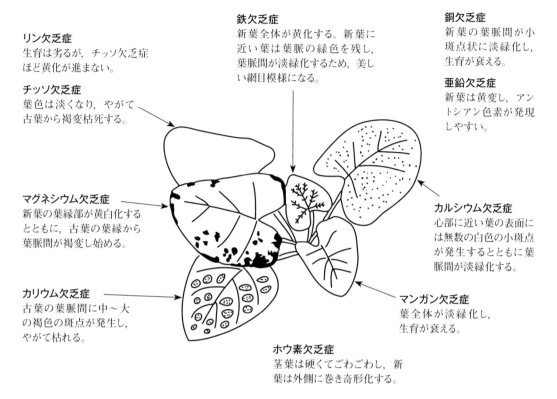

◆過剰症状

銅過剰症
生育が著しく阻害される。根は淡いチョコレート色になり，活力が低下する。

ホウ素過剰症
古葉の葉脈間が淡緑化して，褐色の小斑点が発生する。また，若い葉は黄化する。

マンガン過剰症
古葉の葉脈間には黒褐色の微小斑が発生する。若い葉は全体に淡緑化するとともに，葉脈あるいは葉脈に沿って葉脈間が黄白化し，葉縁部に淡褐色の小斑点が生じる。

亜鉛過剰症
新葉が淡緑化し，鉄欠乏の症状が発生する。

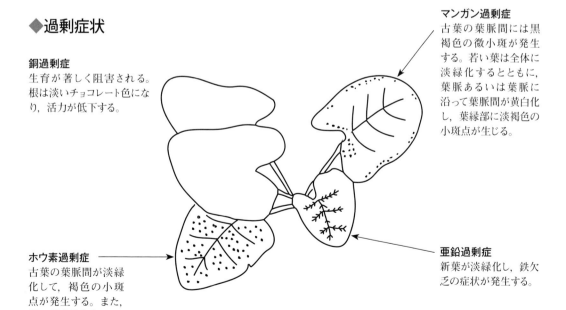

5 ジャガイモ

◆欠乏症状

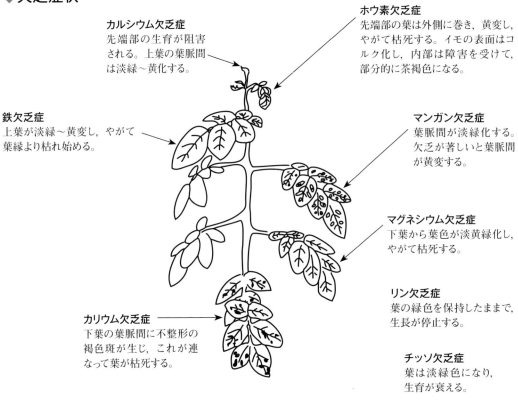

カルシウム欠乏症
先端部の生育が阻害される。上葉の葉脈間は淡緑～黄化する。

ホウ素欠乏症
先端部の葉は外側に巻き，黄変し，やがて枯死する。イモの表面はコルク化し，内部は障害を受けて，部分的に茶褐色になる。

鉄欠乏症
上葉が淡緑～黄変し，やがて葉縁より枯れ始める。

マンガン欠乏症
葉脈間が淡緑化する。欠乏が著しいと葉脈間が黄変する。

マグネシウム欠乏症
下葉から葉色が淡黄緑化し，やがて枯死する。

リン欠乏症
葉の緑色を保持したままで，生長が停止する。

チッソ欠乏症
葉は淡緑色になり，生育が衰える。

カリウム欠乏症
下葉の葉脈間に不整形の褐色斑が生じ，これが連なって葉が枯死する。

◆過剰症状

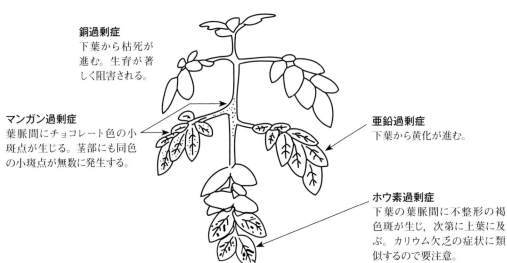

銅過剰症
下葉から枯死が進む。生育が著しく阻害される。

マンガン過剰症
葉脈間にチョコレート色の小斑点が生じる。茎部にも同色の小斑点が無数に発生する。

亜鉛過剰症
下葉から黄化が進む。

ホウ素過剰症
下葉の葉脈間に不整形の褐色斑が生じ，次第に上葉に及ぶ。カリウム欠乏の症状に類似するので要注意。

6　クワイ

◆欠乏・過剰症状

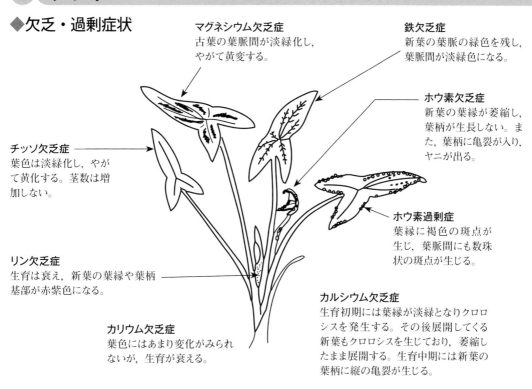

マグネシウム欠乏症
古葉の葉脈間が淡緑化し，やがて黄変する。

鉄欠乏症
新葉の葉脈の緑色を残し，葉脈間が淡緑色になる。

ホウ素欠乏症
新葉の葉縁が萎縮し，葉柄が生長しない。また，葉柄に亀裂が入り，ヤニが出る。

チッソ欠乏症
葉色は淡緑化し，やがて黄化する。茎数は増加しない。

ホウ素過剰症
葉縁に褐色の斑点が生じ，葉脈間にも数珠状の斑点が生じる。

リン欠乏症
生育は衰え，新葉の葉縁や葉柄基部が赤紫色になる。

カルシウム欠乏症
生育初期には葉縁が淡緑となりクロロシスを発生する。その後展開してくる新葉もクロロシスを生じており，萎縮したまま展開する。生育中期には新葉の葉柄に縦の亀裂が生じる。

カリウム欠乏症
葉色にはあまり変化がみられないが，生育が衰える。

7　サトイモ

◆欠乏・過剰症状

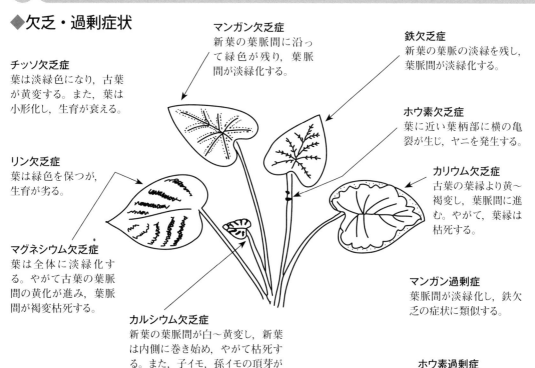

マンガン欠乏症
新葉の葉脈間に沿って緑色が残り，葉脈間が淡緑化する。

鉄欠乏症
新葉の葉脈の淡緑を残し，葉脈間が淡緑化する。

チッソ欠乏症
葉は淡緑色になり，古葉が黄変する。また，葉は小形化し，生育が衰える。

ホウ素欠乏症
葉に近い葉柄部に横の亀裂が生じ，ヤニを発生する。

リン欠乏症
葉は緑色を保つが，生育が劣る。

カリウム欠乏症
古葉の葉縁より黄〜褐変し，葉脈間に進む。やがて，葉縁は枯死する。

マグネシウム欠乏症
葉は全体に淡緑化する。やがて古葉の葉脈間の黄化が進み，葉脈間が褐変枯死する。

マンガン過剰症
葉脈間が淡緑化し，鉄欠乏の症状に類似する。

カルシウム欠乏症
新葉の葉脈間が白〜黄変し，新葉は内側に巻き始め，やがて枯死する。また，子イモ，孫イモの頂芽が陥没し，芽つぶれを起こす。

ホウ素過剰症
葉縁から黄変し始める。

果 樹

1 ミカン

◆欠乏・過剰症状

ホウ素過剰症
葉先から葉脈間の黄化が始まり，次第に葉全体に及ぶ。やがて落葉が激しくなり，激しい場合は枝枯れを引き起こしたり，樹勢を著しく低下させる。樹が枯死することもある。

マンガン欠乏症
新葉の葉脈に沿って緑色が残り，葉脈間の緑色が淡緑〜黄色に変化する。軽い場合は生育が進むと症状が消失することがある。激しい場合は葉脈間が黄変し，旧葉にも欠乏症状が認められる。

マンガン過剰症
葉先や葉の縁に褐色の小斑点が生じる。

カルシウム欠乏症
新葉の先端から葉縁にかけて黄変する。

銅欠乏症
枝や果実に現われやすく，夏秋枝にはゴムポケットを生じ，そこからヤニが流出する。果実には果柄付近の果皮表面に障害が生じる。欠乏が激しくなると裂果したり，落果が激しくなる。

鉄欠乏症
新葉の葉脈の緑色を残して，全体が淡緑色〜黄白化するので，網目模様になる。

亜鉛欠乏症
新葉の葉脈間に鮮明なクロロシスを生じる。マンガン欠乏の症状と極めて類似する。

マグネシウム欠乏症
旧葉や果実の成りすぎた結果枝の葉に多く現われ，果実肥大期に発生しやすい。葉脈間が淡緑〜黄変し，症状の現われた葉は冬季に落葉しやすく，樹勢低下の要因となる。

ホウ素欠乏症
症状は果実に現われやすく，幼果期では果皮の表面がコルク化し，落下しやすい。成熟果では果心に障害が現われ，中心部は褐〜黒褐色となる。葉には症状は現われにくいが，新葉の葉縁中肋が黄変するとともに葉脈間に黄斑を生じる。

カリウム欠乏症
下葉の葉脈間がぼやけたように黄変し，落葉しやすい。

チッソ欠乏症
葉は小形化し，全体に淡緑化する。欠乏が著しいほど落葉が早くなり，樹相は貧弱となる。

リン欠乏症
新梢の伸びが止まり，小葉が密生する。葉色は暗緑色になりやすい。

2 ブドウ

◆欠乏・過剰症状

カルシウム欠乏症
中上葉の葉縁が黄変し，褐色斑を生じる。先端部の生育は阻害され，枯死しやすい。

ホウ素欠乏症
生育の初めにホウ素が欠乏すると開花時に花冠が離脱せず，結実不良となる。果実肥大期以降では果実の中央部が褐色に侵され，アン入り状態となる。葉は油浸状に葉脈間が淡緑化し，先端葉や副梢葉に発生しやすい。

ホウ素過剰症
基部葉の葉縁から褐変するとともに，葉脈間に褐色の斑点が生じる。また，先端葉は葉脈間の褐変化とともに，葉は外側に巻き，カッピング状となる。

鉄欠乏症
新梢の先端葉に発生しやすく，その症状は葉脈の緑色を残して，葉脈間が淡緑～黄白化する。このため，葉は美しい網目模様になる。

マンガン欠乏症
症状は葉や果実に現われやすい。葉の症状は葉脈間が淡緑～黄変する。果実は全体に赤く着色せず，ところどころに青い果粒が混在する着色障害果が発生する。

マグネシウム欠乏症
基部葉から葉脈間が淡緑～黄白化し，次第に先端葉に及ぶ。カリウム欠乏症状に類似するが，葉縁はあまり黄変しない。

カリウム欠乏症
基部葉の葉縁から黄変し始め，やがて葉脈間まで及ぶ。マグネシウム欠乏の症状と間違えやすいので注意する。

チッソ欠乏症
生育は全体に不良となり，新梢の伸びも貧弱となる。基部葉から葉全体が淡緑化し始め，やがて黄化する。

マンガン過剰症
基部葉の葉脈は黒褐色になる。先端葉は鉄欠乏の症状を発現しやすい。

3　リンゴ

◆欠乏症状

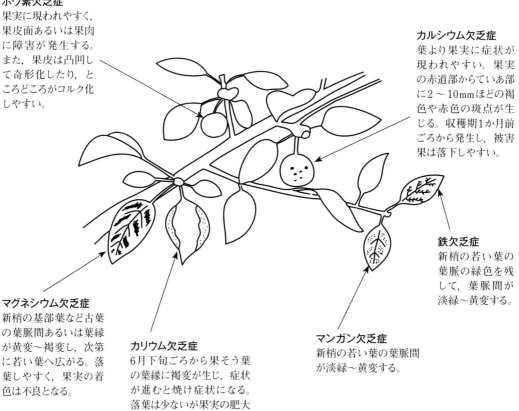

亜鉛欠乏症
葉縁あるいは葉脈間にクロロシスを生じやすい。主幹上部の枝の発芽が遅れ，遅れて発芽した新梢はロゼット状となる。新梢葉は葉身の狭い小葉になり，葉縁あるいは葉脈間にクロロシスを生じやすい。

ホウ素欠乏症
果実に現われやすく，果皮面あるいは果肉に障害が発生する。また，果皮は凸凹して奇形化したり，ところどころがコルク化しやすい。

カルシウム欠乏症
葉より果実に症状が現われやすい。果実の赤道部からていあ部に2～10mmほどの褐色や赤色の斑点が生じる。収穫期1か月前ごろから発生し，被害果は落下しやすい。

マグネシウム欠乏症
新梢の基部葉など古葉の葉脈間あるいは葉縁が黄変～褐変し，次第に若い葉へ広がる。落葉しやすく，果実の着色は不良となる。

カリウム欠乏症
6月下旬ごろから果そう葉の葉縁に褐変が生じ，症状が進むと焼け症状になる。落葉は少ないが果実の肥大は低下し，樹勢は衰える。

マンガン欠乏症
新梢の若い葉の葉脈間が淡緑～黄変する。

鉄欠乏症
新梢の若い葉の葉脈の緑色を残して，葉脈間が淡緑～黄変する。

チッソ欠乏症
新梢に発生しやすく，葉脈間あるいは葉全体が黄化する。

リン欠乏症
葉は小形化し，枝は粗皮症状になる。また，先枯れの発生がみられ，根の発育が悪くなる。

4 ナシ

◆欠乏・過剰症状

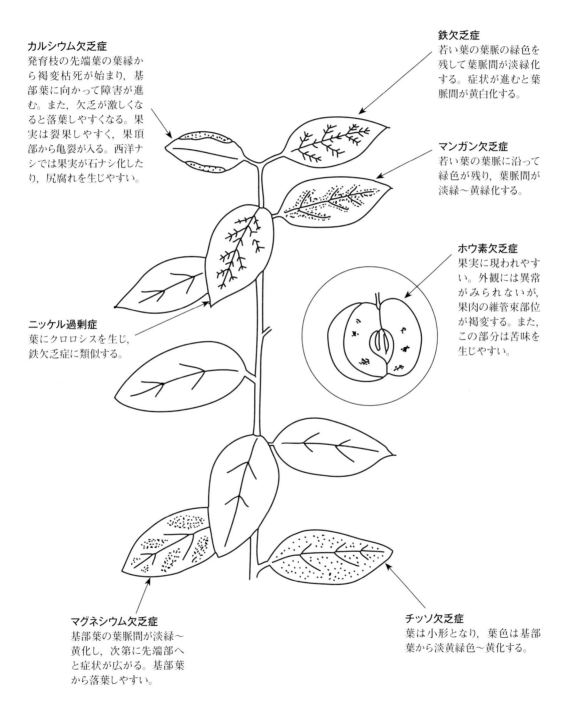

カルシウム欠乏症
発育枝の先端葉の葉縁から褐変枯死が始まり，基部葉に向かって障害が進む。また，欠乏が激しくなると落葉しやすくなる。果実は裂果しやすく，果頂部から亀裂が入る。西洋ナシでは果実が石ナシ化したり，尻腐れを生じやすい。

ニッケル過剰症
葉にクロロシスを生じ，鉄欠乏症に類似する。

マグネシウム欠乏症
基部葉の葉脈間が淡緑〜黄化し，次第に先端部へと症状が広がる。基部葉から落葉しやすい。

鉄欠乏症
若い葉の葉脈の緑色を残して葉脈間が淡緑化する。症状が進むと葉脈間が黄白化する。

マンガン欠乏症
若い葉の葉脈に沿って緑色が残り，葉脈間が淡緑〜黄緑化する。

ホウ素欠乏症
果実に現われやすい。外観には異常がみられないが，果肉の維管束部位が褐変する。また，この部分は苦味を生じやすい。

チッソ欠乏症
葉は小形となり，葉色は基部葉から淡黄緑色〜黄化する。

5 イチジク

◆欠乏症状

カルシウム欠乏症
先端部の葉の生育が阻害され，葉は内側に巻きやすく，葉縁や葉先から枯れ上がる。

ホウ素欠乏症
先端部の葉の葉脈間は淡緑あるいは黄化するとともに，奇形化したり，葉が内側に巻く。葉柄や葉脈にかさぶたのような傷や亀裂が入る。花托部には淡褐色のシミ状の傷が部分的に発生する。

リン欠乏症
上位葉は生育が進むと緑色が淡くなり，部分的に淡緑黄化する。果実は淡赤茶色を呈する。

鉄欠乏症
新葉の葉脈に沿って緑色を残し，葉脈間が淡緑～淡黄緑化する。

銅欠乏症
葉脈に沿って葉脈間が淡緑化する。

マンガン欠乏症
葉脈に沿って葉脈間が淡緑～淡黄緑色を呈する。

亜鉛欠乏症
葉が赤みを帯びた濃緑色を呈し，葉脈間のところどころが淡緑化する。

カリウム欠乏症
下葉の葉脈間あるいは葉縁葉脈間から淡緑～黄緑化し始める。

マグネシウム欠乏症
下葉の葉脈に沿って淡緑化が進み，葉脈間が部分的に褐変化する。

チッソ欠乏症
生育が悪くなるため，葉が小形化しやすい。葉色は全体に緑色が淡くなる。

◆過剰症状

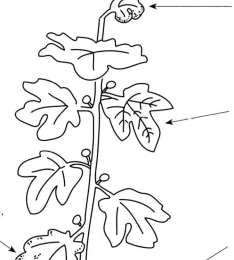

ホウ素過剰症
先端部の葉は内側に巻きやすい。

銅過剰症
先端葉が鉄欠乏に類似した症状を示す。

ホウ素過剰症
下葉の葉縁部が黄～褐変し，枯れ始める。

マンガン過剰症
葉の表面は葉脈あるいは葉脈に沿って葉脈間がチョコレート色を呈する。

花 き

1 キ ク

◆欠乏症状

チッソ欠乏症
チッソが欠乏すると生育は衰える。
水耕栽培では上葉が黄変する。

リン欠乏症
チッソ欠乏のように黄変しないで，緑
色を保ったままで生長が停止する。

鉄欠乏症
上葉の葉色が全体に淡緑化し
始め，やがて淡黄緑色になる。

カルシウム欠乏症
先端葉の生育が阻害されて枯
死する。また，上葉の葉脈間
が黄化するとともに褐色斑を
生じ，葉縁より枯死する。下
葉ほど障害は軽い。

カリウム欠乏症
下葉の葉縁が褐変するとともに
草勢は著しく衰える。ホウ素過
剰症に極めて類似するが，葉が
垂れぎみで，葉脈間が褐変する
傾向を示すので区別できる。根
の生育は不良。

亜鉛欠乏症
茎葉はやや硬くなるとともに，葉は
全体に外側に巻きやすい。上葉は
葉脈間が淡緑〜黄変するとともに
褐色斑を部分的に生じる。

ホウ素欠乏症
先端葉は黄白化するとと
もに，一部にネクロシス
を生じて，生育が阻害さ
れる。カルシウム欠乏の
症状と間違えやすいが，
先端部の黄化が著しいこ
とや茎葉が硬くてごわご
わするので判別できる。
根は側根が伸びず生育
不良となる。

銅欠乏症
先端部の葉は内側に
巻き始め，やがて枯
死する。上葉ほど淡
緑化しやすい。

マンガン欠乏症
中上葉の葉脈間が
淡緑化する。

マグネシウム欠乏症
通常は下葉の葉脈間が黄変し，そ
の症状が上葉に及ぶが，上葉の
葉全体が黄白化することもある。

◆過剰症状

銅過剰症
生育が阻害さ
れるとともに，
先端部には鉄
欠乏の症状が
出やすい。

マンガン過剰症
下葉の葉脈間が
淡い赤褐色になる
とともに，上葉が
淡緑化し，鉄欠乏
の症状が出る。

亜鉛過剰症
生育が阻害されるとともに，先端
部には鉄欠乏の症状が出やすい。

ホウ素過剰症
下葉の葉縁部が帯状に褐変し，
次第に上葉に進む。

2 パンジー

◆欠乏症状

チッソ欠乏症
古葉から葉色が黄変し始め、やがて枯れ上がる。生育は劣る。

リン欠乏症
生育が劣り、葉は小形化し、チッソ欠乏症より緑色を保ったままで、生育が停止する。

鉄欠乏症
新葉の葉脈間が淡緑化するとともに、葉先葉縁が枯れやすい。

銅欠乏症
生育が劣る。

カルシウム欠乏症
先端葉およびその近くの葉に暗褐色のシミのような斑点が生じ、先端部の生育が阻害される。

マンガン欠乏症
新葉の葉全体が淡緑〜黄緑色となる。

亜鉛欠乏症
葉脈間にアントシアン色素が発現する。

マグネシウム欠乏症
下葉の葉縁より黄変し、部分的に白変枯死する。また、全体に緑色が淡くなる。

カリウム欠乏症
古葉の葉先から白変枯死が始まり、生育が衰える。

ホウ素欠乏症
茎葉が硬くなり、下葉の葉脈が赤紫色になるとともに新葉が黄変し始め、やがて新葉全体が赤紫色に変わる。

◆過剰症状

銅過剰症
葉縁が赤紫色化し、生育が衰える。

マンガン過剰症
下葉に不規則なチョコレート色の斑点が生じる。

亜鉛過剰症
古葉の葉脈が赤紫〜チョコレート色になり、葉脈間に同色の斑点を生じる。

ホウ素過剰症
古葉の葉縁のところどころから白変あるいは褐変し始め、次第に上葉に進む。

3 カーネーション

◆欠乏症状

亜鉛欠乏症
先端部の葉は淡緑化するとともに，葉先あるいは葉縁から枯死し始める。

カルシウム欠乏症
先端部の葉先の生育が阻害され，生長点が枯死する。

鉄欠乏症
上葉の葉色は葉脈の緑色を残し，葉脈間が淡緑化する。

ホウ素欠乏症
葉は外側に巻き，葉先から黄化が進む。欠乏が進むと先端部の生育が阻害され，株全体が黄化しやすい。

マンガン欠乏症
葉は淡緑となり，生育が悪くなる。鉄欠乏症ほど淡緑化しない。

マグネシウム欠乏症
下葉が淡黄緑化するとともに，上葉も淡緑化する。

カリウム欠乏症
下葉の葉縁に不整形の白斑を生じ，やがて上葉に及び，生育は衰える。

チッソ欠乏症
下葉から葉色が淡緑化し始め，やがて黄変する。次第に上葉に及び，生育は劣る。

リン欠乏症
下葉は黄化するが，チッソ欠乏ほど黄化は進まず，比較的緑色を保って生長が停止する。

◆過剰症状

銅過剰症
葉に不整形の黄斑が生じて，外観が極めて悪くなる。

亜鉛過剰症
新葉の葉縁のところどころが黄化〜褐変する。また，葉に同色の不整形斑点を生じ，生育が衰える。

ホウ素過剰症
下葉の葉先から褐変し始め，次第に上葉に及ぶ。

マンガン過剰症
葉脈が淡緑〜黄変し始め，不整形の褐色斑が葉のところどころに発生する。

◆176 — ヒマワリ・花き

4 ヒマワリ

◆欠乏症状

カルシウム欠乏症
先端部の葉はカッピング症状を示すとともに葉脈間が淡緑化する。

ホウ素欠乏症
先端葉が黄変し始め，やがてネクロシスを生じる。茎葉は硬くてもろくなる。

マンガン欠乏症
葉脈間が淡緑色になる。欠乏が激しくなると葉脈間の一部にネクロシスが発生する。

銅欠乏症
上葉は葉脈の緑色を残し，葉脈間が淡緑色〜黄変する。

銅欠乏症
葉は垂れ下がり，萎凋しやすい。

マグネシウム欠乏症
下葉の葉脈間が黄褐変する。

カリウム欠乏症
葉は外側に巻き，下葉の葉脈間が淡緑化し，不整形の褐色斑が発生する。

チッソ欠乏症
葉色が淡くなるとともに，下葉から黄化が進む。生育が悪くなる。

リン欠乏症
緑色を保ったままで生長が停止する。

◆過剰症状

マンガン過剰症
葉脈に沿って褐色の不整形の小斑点が発生する。

銅過剰症
上葉は鉄欠乏の症状を発現する。

亜鉛過剰症
上葉は鉄欠乏の症状を発現する。

ホウ素過剰症
下葉の葉縁が褐変し始めるとともに，葉縁部より中心に向かって不整形の褐色斑が発生する。

5 ヒャクニチソウ

◆欠乏症状

ホウ素欠乏症
茎葉は硬くてもろくなる。先端部は淡緑化し，生育が阻害される。また，葉は外側に巻きやすくなる。

鉄欠乏症
上葉は葉脈の緑色を残して葉脈間が黄白化する。

カルシウム欠乏症
先端部の葉先の生育が阻害され，奇形となる。やがて葉先が褐変枯死する。

マンガン欠乏症
上葉の葉脈間が淡緑化する。症状が激しくなると葉脈間に白〜褐色の小斑点を生じる。

マグネシウム欠乏症
下葉が全体に淡緑化するとともに葉脈間が黄変する。

カリウム欠乏症
下葉の葉脈に沿った部分あるいは葉脈間が褐変する。

リン欠乏症
チッソ欠乏症ほど葉色は淡緑化せず，緑色を維持したままで生長が停止する。

チッソ欠乏症
葉色は淡緑から黄変する。生育は衰える。

◆過剰症状

亜鉛過剰症
上葉には鉄欠乏の症状が発現する。

ホウ素過剰症
下葉の葉脈間に褐色斑を生じ，次第に上葉に広がる。

マンガン過剰症
葉脈間の緑色を残し，主葉脈が黄変する。その他の葉脈もところどころ黄化する。毛茸はチョコレート色になる。

銅過剰症
茎部に赤紫色が出るとともに，下葉から枯れ始める。

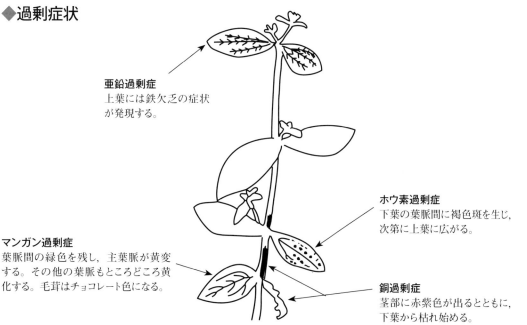

6 ストック

◆欠乏症状

カルシウム欠乏症
先端および上葉の葉先の葉脈間に褐色の不整形斑点がところどころに生じ、葉はよじれて奇形となる。

亜鉛欠乏症
まず、先端葉の葉縁にアントシアン色素が発現し、葉色は淡緑化する。やがて、株全体が淡緑化し、上葉の葉脈間にもアントシアン色素が現われる。

マンガン欠乏症
葉脈間に無数の白色斑点が生じる。

ホウ素欠乏症
葉は外側に巻き、よじれて奇形となり、葉の表面はカビが生えたように白く変色する。茎葉は硬くてもろくなり、茎のところどころからヤニを分泌するとともに、縦の傷が入る。

マグネシウム欠乏症
下葉の葉脈間が淡緑～黄化し、次第に上葉に広がる。

チッソ欠乏症
下葉から黄変し始め、生育が衰える。

リン欠乏症
チッソ欠乏のように下葉が黄変せず、生育が停止する。

カリウム欠乏症
下葉の葉先が黄変するとともに、白色の小斑点が生じる。やがて葉全体が黄白化し、枯れ込む。また、この症状が上葉に広がり、生育が衰える。

◆過剰症状

亜鉛過剰症
上葉の葉脈の緑色を残し、葉脈間が淡緑化する。

マンガン過剰症
下葉にアバタのような斑点が無数に生じる。

ホウ素過剰症
下葉の葉先から褐変し始め、やがて上葉に及ぶ。

銅過剰症
下葉の葉脈間が淡緑～黄変し、枯れ込む。

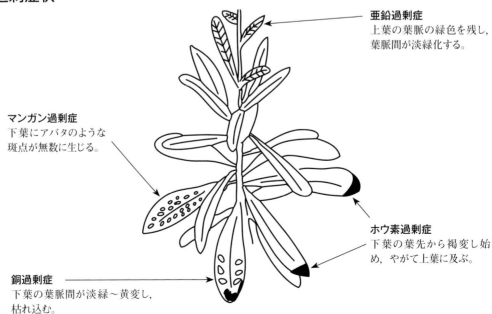

7 キンセンカ

◆欠乏症状

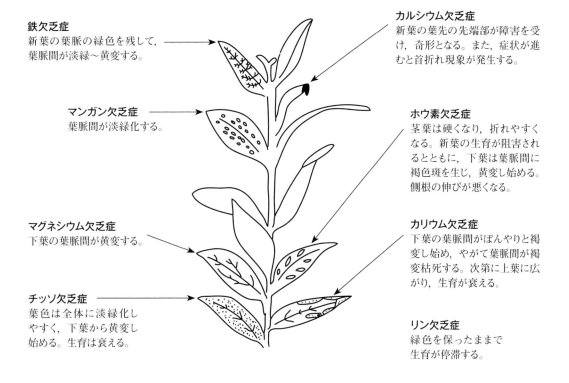

鉄欠乏症
新葉の葉脈の緑色を残して、葉脈間が淡緑〜黄変する。

マンガン欠乏症
葉脈間が淡緑化する。

マグネシウム欠乏症
下葉の葉脈間が黄変する。

チッソ欠乏症
葉色は全体に淡緑化しやすく、下葉から黄変し始める。生育は衰える。

カルシウム欠乏症
新葉の葉先の先端部が障害を受け、奇形となる。また、症状が進むと首折れ現象が発生する。

ホウ素欠乏症
茎葉は硬くなり、折れやすくなる。新葉の生育が阻害されるとともに、下葉は葉脈間に褐色斑を生じ、黄変し始める。側根の伸びが悪くなる。

カリウム欠乏症
下葉の葉脈間がぼんやりと褐変し始め、やがて葉脈間が褐変枯死する。次第に上葉に広がり、生育が衰える。

リン欠乏症
緑色を保ったまま生育が停滞する。

◆過剰症状

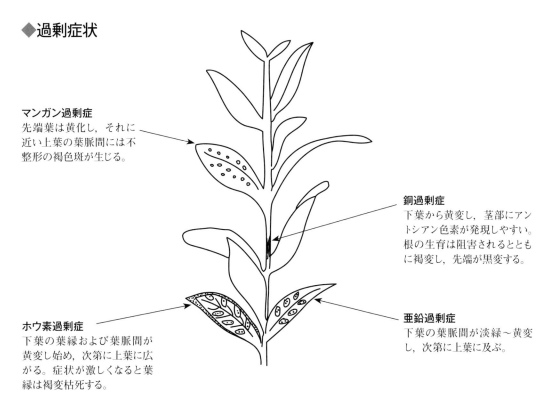

マンガン過剰症
先端葉は黄化し、それに近い上葉の葉脈間には不整形の褐色斑が生じる。

ホウ素過剰症
下葉の葉縁および葉脈間が黄変し始め、次第に上葉に広がる。症状が激しくなると葉縁は褐変枯死する。

銅過剰症
下葉から黄変し、茎部にアントシアン色素が発現しやすい。根の生育は阻害されるとともに褐変し、先端が黒変する。

亜鉛過剰症
下葉の葉脈間が淡緑〜黄変し、次第に上葉に及ぶ。

8 スイトピー

◆欠乏症状

銅欠乏症
生育が劣り，先端部の葉が葉縁より白化し始め，葉全体が白変する。

鉄欠乏症
先端葉が淡緑～黄白化する。

マンガン欠乏症
新しい葉の葉脈間が淡緑～黄化するとともに白～褐色の斑点が生じる。

マグネシウム欠乏症
全体に葉の緑色が淡くなるが，とくに葉脈間の葉色が淡緑～淡黄緑色となる。

リン欠乏症
葉は小形化するとともに，ツルにはアントシアン色素が発現しやすい。

チッソ欠乏症
下葉の葉色が淡緑～黄変し，この症状が上葉に及び，生育が衰える。

ホウ素欠乏症
先端部の葉先あるいはツルの先端の生育が阻害されるとともに上葉は葉縁より黄変しやすい。また，茎葉は硬くて，折れやすくなる。

カルシウム欠乏症
未展開葉，展開葉のいずれも葉先の生育が阻害される。阻害は先端部ほど強く現われ，成葉では葉縁が白変するとともに，葉脈間に不整形の白斑が生じる。

亜鉛欠乏症
葉脈間が淡緑～黄変し，やがて葉全体が黄化する。

カリウム欠乏症
下葉に不整形の白斑が生じ，生育が衰える。

◆過剰症状

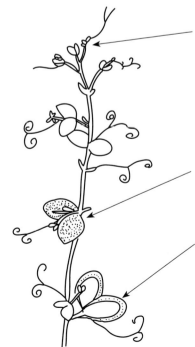

亜鉛過剰症
先端部に鉄欠乏の症状が出，生育が衰える。

マンガン過剰症
葉に小さな白～褐色の小斑点が無数に生じる。

ホウ素過剰症
下葉の葉縁から白変し，次第に上部の葉に及ぶ。

9 マリーゴールド

◆欠乏・過剰症状

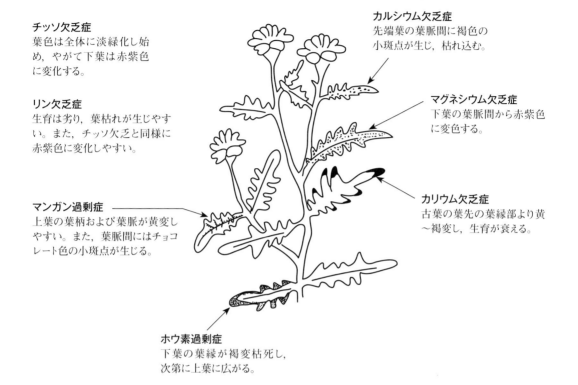

チッソ欠乏症
葉色は全体に淡緑化し始め、やがて下葉は赤紫色に変化する。

リン欠乏症
生育は劣り、葉枯れが生じやすい。また、チッソ欠乏と同様に赤紫色に変化しやすい。

マンガン過剰症
上葉の葉柄および葉脈が黄変しやすい。また、葉脈間にはチョコレート色の小斑点が生じる。

カルシウム欠乏症
先端葉の葉脈間に褐色の小斑点が生じ、枯れ込む。

マグネシウム欠乏症
下葉の葉脈間から赤紫色に変色する。

カリウム欠乏症
古葉の葉先の葉縁部より黄〜褐変し、生育が衰える。

ホウ素過剰症
下葉の葉縁が褐変枯死し、次第に上葉に広がる。

10 シクラメン

◆欠乏・過剰症状

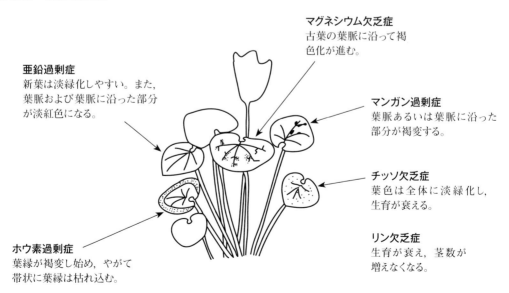

亜鉛過剰症
新葉は淡緑化しやすい。また、葉脈および葉脈に沿った部分が淡紅色になる。

ホウ素過剰症
葉縁が褐変し始め、やがて帯状に葉縁は枯れ込む。

マグネシウム欠乏症
古葉の葉脈に沿って褐色化が進む。

マンガン過剰症
葉脈あるいは葉脈に沿った部分が褐変する。

チッソ欠乏症
葉色は全体に淡緑化し、生育が衰える。

リン欠乏症
生育が衰え、茎数が増えなくなる。

11 アスター

◆欠乏・過剰症状

亜鉛過剰症
下位葉の葉脈間に淡褐色〜褐色の不整形小斑点が生じ，黄化が進み，枯れ始める。

マグネシウム欠乏症
下位葉の葉先葉縁付近から淡黄緑化し始め，黄白〜黄化し，上位葉へ進む。

チッソ欠乏症
生育は劣り，葉色は下位葉から赤く変色する。

ホウ素過剰症
下位葉の葉縁が黄変し始め，褐変枯死する。葉脈間に褐色不整形斑点を生じることがある。

カリウム欠乏症
下位葉の葉縁より黄変し始め，主脈に向かって黄化が進む。

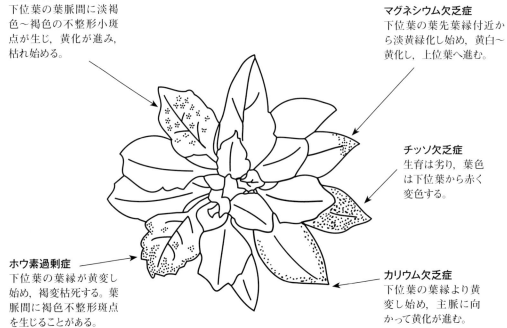

緑化用樹

◆チッソ欠乏症

各種要素のなかで最も障害が現われやすいものはチッソ欠乏症で，多くの緑化用樹に発生が認められている。一般には下葉が淡緑～黄化するとともに，枝葉の発育が悪くなり，樹全体の生育が衰える。しかし，希に上葉に症状が出ることもある。

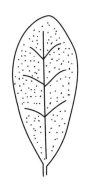

トベラ
下葉は淡緑色となり，やがて黄化して落葉する。欠乏が激しいと枝葉の発育が悪くなり，生長は停止する。

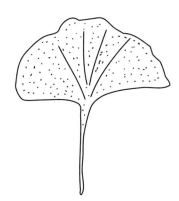

イチョウ
欠乏葉は全体に緑色を失い黄化する。欠乏が激しいと葉が小形化し，樹勢が衰える。樹全体に症状が現われることが多いので容易に診断できる。また，欠乏の程度により緑色～淡黄緑色～黄色の順に葉色が変わる。淡黄緑色になったときにはチッソ肥料を施す。

キョウチクトウ
下葉から黄化し始め，次第に上葉に進む。先端葉まで黄化することはほとんどない。欠乏が進行すると黄化葉の占める割合が増加する。欠乏葉は落葉しやすい。

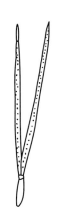

マツ
他の植物と同様に下葉が淡黄緑色あるいは淡褐色になる。

クチナシ
下葉の葉全体が鮮やかに黄変する。

ツツジ
下葉が黄～褐変し，次第に上葉に進行する。

ナルコユリ
葉色は淡緑～黄変する。

◆マグネシウム欠乏症

マグネシウムは雨水により土壌から流亡しやすく，土壌反応が酸性に傾くと流亡が激しくなる。このようなことから土壌中のマグネシウム含量が不足し，欠乏障害が発生する場合が多い。チッソ欠乏症と同様に下葉から症状を発生するが，チッソ欠乏は葉全体に緑色が抜け黄化するので簡単に区別できる。また，症状は樹種により異なるようにみえることがあるが，葉脈間の緑色が淡緑〜黄色に変化する場合が多い。

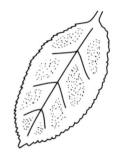

ボタン
下葉から発生し，葉脈間が黄化する。初めは葉脈間が淡黄緑色となり，次第に黄化が進む。

キンモクセイ
古葉に現われ，葉脈間が黄化し，葉全体に小さな黄斑が発生したようにみえる。欠乏が激しいと落葉しやすくなり，樹勢が低下する。

バ ラ
古葉の葉脈間が黄〜褐変する。

サザンカ
下葉から発生し，葉脈間が浅黄緑化あるいは黄化する。次第に上葉に移り，欠乏が激しいと先端葉にも及ぶ。

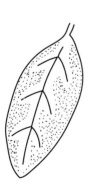

マテバシイ
葉脈間の緑色が抜けて黄化する。

トベラ
ミカンのマグネシウム欠乏症と同様に葉脈間が黄化する。

ナツメ
下葉の葉先より黄化し始め，次第に上葉に及ぶ。

トラノオ
下枝の葉の縁が褐色に変化する。

◆鉄欠乏症

土壌中には多量の鉄が存在しているが，土壌が中性からアルカリ性に傾くと鉄が不溶化して，作物に吸収されにくくなる。鉄は樹木内での移動がおそいため，欠乏症状は新しい葉に現われる。欠乏症状は葉脈の緑色を残し，葉脈間が黄白化する。

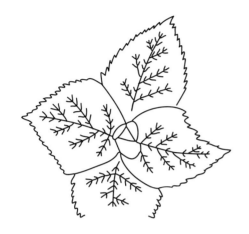

アジサイ
古葉には現われず，新葉に発現する。葉脈の緑色を残し，葉脈間が淡黄緑色～黄白色となる。欠乏が激しいと葉の緑色が抜け，白っぽくみえる。

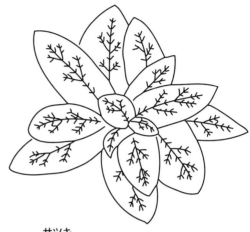

サツキ
サツキは鉄欠乏を発生しやすい。先端部の葉に現われ，葉脈は緑色を残すが，葉脈間は黄白化する。欠乏が激しくなると葉全体が黄白化し，枯死することがある。

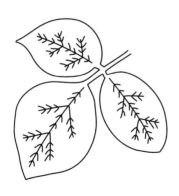

バラ
上葉の葉脈の緑色を残し，葉脈間が淡緑色となるので，美しい網目模様になる。古葉には発生しない。品種により発生状況は異なり，赤系統のバラに発生しやすいといわれている。

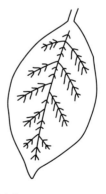

クチナシ
葉脈の緑色を残し，葉脈間が淡黄緑色から黄白化する。

◆マンガン欠乏症

土壌中のマンガン含量が著しく低下している場合や，土壌が中性に傾くと，マンガンが不溶化するため，吸収しにくくなり，葉に欠乏症状が発現する。マンガンは鉄と同様に樹木内で移動しにくいので，症状は新しい葉に現われやすく，葉脈間が淡緑色を示す場合が多い。軽い欠乏では生育が進むと症状が消失することがあるが，欠乏が激しくなると葉脈間の緑色が抜け黄化する。

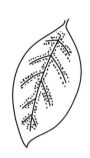

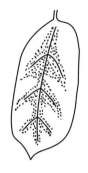

クチナシ
新しい葉に現われる。症状は葉脈の緑色を残し，葉脈間が淡黄緑色あるいは黄化する。光に当てて透かしてみるとよくわかる。激しい場合は古葉にも症状が認められる。中程度の欠乏では樹勢にあまり大きく影響しないが，欠乏が激しくなると生育が衰える。

ボタン
先端葉に現われやすく，葉脈に沿って緑色が残り，葉脈間が淡緑色となる。欠乏が進行すれば葉脈間が淡緑色から淡黄緑色に変化する。

ヒメリンゴ
葉脈に沿って緑色が残るが，葉脈間は淡黄緑色を呈する。

ナンテン
新葉の葉脈間の緑色が淡くなる。欠乏が進むとこの部分は黄化するが，葉脈に沿って緑色は残る。

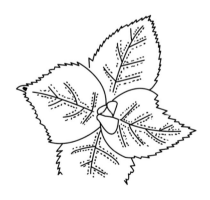
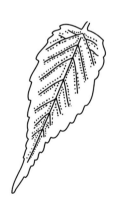

キンモクセイ
新葉の葉脈間の緑色が淡緑化する。症状はマグネシウム欠乏症に類似するが，マグネシウム欠乏は古葉に発生するので，簡単に識別できる。

アジサイ
新葉の葉脈の緑色を残して，葉脈間が淡緑～黄変する。鉄欠乏症のように黄白化しない。

ヤマブキ
上葉の葉脈間が葉脈の緑色を残して淡緑化するが，欠乏が激しいと上葉は黄白化し，鉄欠乏の症状に類似するので判別しにくくなる。

障害の診断と対策

要素別　症状・発生条件・対策

　要素障害の特徴を把握していれば，実際の場において，要素の欠乏・過剰症状が明らかでない作物に要素障害が発生した場合でも比較的容易に障害要素を推定できる。また，その対策は作物が異なっても要素ごとに共通している。このため，ここでは各要素の障害特徴および一般的な障害対策を中心に述べる。

1. チッソ

　チッソは主に硝酸態あるいはアンモニア態の形で植物に吸収されるが，一部はアミノ酸の形でも吸収される。生体内では硝酸態チッソはアンモニア態チッソに変わり，アミノ酸となり，タンパク質の約16％を占めるなど重要な成分を構成する。また，葉緑素の生成にも関係し，チッソ含量が不足すると，葉緑素の生成が減少して葉色は淡緑〜黄変し，多くなると，葉緑素含量も多くなり，葉の緑色が濃くなる。生体内で移動しやすい。

(1)チッソ欠乏
①症　状
　各植物とも下位葉あるいは古葉から現われ，生育が衰え，葉色は淡緑色から黄色に変化するものが多いが，イチゴ，キャベツ，カリフラワー，マリーゴールド，アスターなどは赤〜淡いピンク色となる。生育の初期からチッソが欠乏すると草丈が低くて，分げつが悪くなり，ほとんど生長しない(図1)。

図1　ホウレンソウのチッソ施用量と生育の関係
チッソの基本濃度を1として，上段左より，1，1/2，1/4，1/8，下段左より1/16，1/32，0

②発生条件
　通常，チッソ欠乏は生育の途中で現われる場合が多く，肥切れが原因で発生する。このほか，未熟な有機物を多量に施用すると土壌中のチッソを微生物が取り込むため，植物はチッソを利用できなくなり，一時的にチッソ欠乏を発生させることがある。また，砂質で腐植含量の少ない土壌ではチッソが流亡しやすいので，チッソ欠乏が発生しやすい。

③対　策
　応急的には，植物に0.5％の尿素溶液を1週間おきに数回程度散布する，あるいは土壌にチッソ肥料の適量を水に溶かして施用するが，砂地でチッソが流亡しやすい場合はチッソの施用回数を増やす。

(2)チッソ過剰
①症　状
　チッソを過剰に吸収すると葉色は一般に暗緑色となり，過繁茂で軟弱に生長し，耐病性が低下する。葉は小型化しやすい。子実を生産する植物では実つきや品質に悪影響がでる。ハクサイでは基

肥チッソ施用量が10a当たり10，20，30kgの場合チッソの増加に伴い生育が促進され，主脈にゴマ状の黒いシミ状の斑点が発生するゴマ症の発生も増加したが，器官別体内成分とゴマ症発生の関係では，葉柄よりむしろ葉身中でのNO₃-Nおよびα-アミノ態チッソ濃度の蓄積が発生を助長していることから，ゴマ症の発生を防止するためには，基肥チッソ施用量を20kg以下にすることが必要とされている。

② 発生条件

チッソ肥料の多施用，あるいはハウスなどで土壌中に多量残留している場合に発生する。また，チッソが多すぎるとカルシウムの吸収が抑制されるので，カルシウム欠乏が誘発される。このほか，水稲では灌漑水中のチッソ濃度が高い場合に発生しやすい。また，ホウレンソウのチッソ濃度と収量指数の関係は，図2に示すように葉中チッソ濃度が低い場合はチッソ濃度が上昇すると収量は増大するが，5％を超えるとあまり増加しない。

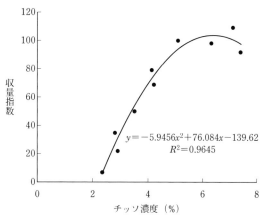

図2 ホウレンソウのチッソ濃度と収量指数

③ 対　策

周辺環境に配慮して，透水性の良いところでは灌水量を増やして土壌中のチッソを流亡させる。あるいはクリーニングクロップを栽培し土壌のチッソ分を収奪させる。

2. リ　ン

リンは生体内で重要な役割を担っており，核酸，核蛋白，リン脂質の構成成分となっている。チッソと同様に生体内では移動しやすく，生長の盛んな部位に移動する。

(1) リン欠乏

① 症　状

欠乏症状は下位葉から現われるが，葉色はチッソ欠乏のように鮮明に黄化せず，赤みを含んだ黄色に変色することが多い（図3）。トマトやシロナ，カリフラワーでは下位葉にアントシアン色素が発現するため下位葉は紫紅色を呈する。欠乏が著しい場合はチッソ欠乏と同様にほとんど生長しない。

② 発生条件

土壌や培養液中のリン酸含量が欠乏している場合はもちろんであるが，アルミニウムを多量に含む火山灰土壌や鉄やアルミニウムが

図3 ホウレンソウのリン欠乏
リン欠乏は健全区に比べ生育が劣り，下位葉の葉色はやや赤みを含む黄色を呈する

活性化している酸性土壌では，植物のリン酸吸収が低下し，欠乏が発生する。これはリン酸がアルミニウムや鉄と結合して，難溶性の化合物となるためである。また，冬場では地温あるいは培養液の液温が低下するとリンの吸収が抑制されるので，欠乏の発生が助長される。このほか，新植地な

どでは欠乏が発生しやすい。
③対　策
　リン欠乏に対する基本対策は酸性土壌の改良および土壌中のリン酸含量を高めることである。また，堆肥と混用し，リン酸が土壌に固定される割合を少なくすることやリン酸肥料が根に触れるように施肥面の工夫を凝らす必要がある。応急的には第一リン酸カリの0.3％を数回葉面に散布し，葉面からリンの吸収を促す。

(2)リン過剰

　リンそのものの過剰障害はほとんど発生していないが，水稲では育苗時に多量のリン酸を施すと褐変葉が発生する。シロナでは下葉の葉脈間が淡緑〜淡黄褐色を呈するとともに心葉部は淡緑あるいは一部黄変し，奇形を呈する。野菜ではシュンギクの心枯れ症のように幾つかの生理障害にはリンの過剰吸収が関連していると推察されている。バラではリンの過剰吸収により鉄欠乏が発生する。これらのことから，リン酸肥料の多施用を避け，適正施肥を行なうことが重要である。このほか深耕によりリン酸濃度を希釈する。

3. カリウム

(1)カリウム欠乏

　生体内では主としてイオン状態で存在し，細胞の浸透圧，タンパク合成，糖の転流に関係している。体内では移動しやすい要素である。
①症　状
　チッソ，リン欠乏症状と同様に下位葉あるいは元葉から欠乏症状が現われる。欠乏症状は，1) 不整形の白斑あるいは褐色の斑点を生じるもの，2) 葉脈間が黄化するもの，3) 葉縁から黄化するものなど，3つのタイプ（図4）に区分される。
②発生条件
　土壌中のカリウムが欠乏している場合や，カリウムが適量あっても石灰や苦土が土壌中に多量に存在するとカリウムの吸収が抑制され，欠乏が助長される。カリウムが生育の初期より欠乏すると

斑点を生じる	葉脈間が黄化する	葉縁が黄化する
水稲，大麦，小麦，ナス，イチゴ，エンドウ，シュンギク，キャベツ，ハクサイ，カリフラワー，アオジソ，ネギ，タマネギ，ゴボウ，ジャガイモ　など	トマト，ピーマン，オクラ，エダマメ，シロナ，サトイモ　など	キュウリ，スイカ，メロン，カボチャ，コマツナ，ホウレンソウ，ミツバ，パセリ，ダイコン，カブ，サトイモ，キク　など

図4　カリウム欠乏症状の特徴

葉が外側に巻き，生育が不良となる。このため，土壌中での石灰，苦土，カリの塩基バランスを適正に保つことが必要である。また，カリウムはチッソと同様に土壌から流亡しやすいので，砂質で腐植含量の少ない土壌では欠乏が発生しやすい。

③対　策

カリ肥料を，野菜では3～5kg/10aを数回に分けて施用する。水稲では2～4kg/10aを追肥する。

(2)カリウム過剰

カリウムの過剰吸収はカルシウムやマグネシウムの吸収を抑制するため，これらの欠乏が誘発されやすいが，サトイモでは下位葉の葉脈間が淡緑～淡黄緑色に変化し，葉縁および葉脈間が枯れ始める。土壌にカリが多量に蓄積している場合は，周辺環境に配慮して，透水性の良いところでは，灌水量を多くしてカリの流亡を図るか，湛水処理によりカリを溶脱させる。あるいはソルガム，トウモロコシなどのクリーニングクロップ栽培で，カリを吸収させ除去する。このほか深耕によりカリ濃度を希釈する。

4. カルシウム

(1)カルシウム欠乏

生体内ではペクチンと結合し，植物細胞膜の形成などに関与するとともに，根の生長促進などに関係する。再移動しにくい要素であるため，カルシウムは常に供給されなければならない。

①症　状

欠乏すると先端葉に障害が強く現われ，子実を生産する植物では子実にも障害が発生し，トマトやナスでは尻腐れ果が生産される。タマネギでは心腐れ，サトイモでは芽つぶれ，リンゴでは果実にビターピットが発生する。また，キンセンカでは茎部に首折れ現象が発生する。根は弱々しく活力がなくなり，根腐れが生じやすい。

②発生条件

土壌や培養液中のカルシウム含量が低下したり，チッソ，カリウム，マグネシウム肥料などを多施用することにより欠乏が誘発されるが，土壌の乾燥が続いても発生しやすくなる。さらに，ハクサイなどでは外葉より中心部の若い葉の蒸散量が少ないため，吸収されたカルシウムは水とともに蒸散の激しい外葉に移動する。このため，先端葉へのカルシウムの移行が悪くなり，カルシウム欠乏が発生しやすくなる。

③対　策

酸性土壌なら，苦土石灰など石灰資材を施用して酸性土壌の改良を図るとともにカルシウム含量を高める。また，土壌を乾燥させないよう注意して栽培するとともに，チッソやカリウム，マグネシウム肥料の多施用を避け，土壌中での石灰，苦土，カリの塩基バランスを適正に保つことも重要である。応急的対策としては，塩化カルシウムまたはリン酸第一カルシウムの0.3％液を数回散布する。

(2)カルシウム過剰

カルシウムそのものの過剰障害はほとんど発生しないが，カルシウムを多量に吸収したため，カリウムあるいはマグネシウム欠乏が誘発されることが多くみられ，サトイモでは下葉の葉脈に沿って黄化が進む。土壌に多量のカルシウムが存在すると，通常，土壌のpHが上昇して，鉄，マンガン，

亜鉛などの微量要素が不溶化する。このため、これらの微量要素欠乏が発生しやすくなる。また、土壌で石灰が過剰な場合は灌水量を多くする、あるいは降雨などにより石灰の流亡を図るが、石灰の適正施肥に努めることが重要である。また、土壌で石灰が過剰となり、アルカリ性に傾いている場合、石灰質肥料などアルカリ資材の施用を控え、土壌反応が酸性に傾くように積極的に硫安、硫加、低度化成などの生理的酸性肥料を施用する。あるいは硫黄華や硫酸第一鉄などのpH低下資材を用いてpHを矯正する。

5. マグネシウム

緑葉中ではマグネシウムは約10％程度が葉緑素に含まれ、葉緑素中には2.7％程含有されており、光合成に関与する。マグネシウム不足は葉緑素の減少をもたらし、クロロシスを生じる。生体内では移動しやすい要素であるため、欠乏症状は下位葉や古葉、子実や果実の成っている付近の葉から現われやすく、子実や果実の肥大する時期に欠乏症状が発現しやすい。

(1) マグネシウム欠乏
① 症　状
欠乏症状は、1) 葉脈間が黄白化するものが一般的であるが、2) 葉脈に沿って黄白化し始めるもの、3) 葉縁から黄化し始めるものがある（図5）。

② 発生条件
土壌あるいは培養液中のマグネシウム含量が不足している場合や、カリウムあるいはカルシウム含量の著しく高い土壌で発生しやすい。このため、カリウム、カルシウム肥料の多施用を避け、土壌中での石灰、苦土、カリの塩基バランスを適正に保つことが重要である。また、基肥施用直後に土壌消毒を行なったあとでは硝酸化成が進まずアンモニア態チッソが土壌に多量存在することになり、マグネシウムの吸収が抑制され、キュウリにマグネシウム欠乏が発生した事例がある。このほか果樹では果実の成らしすぎ、果菜類などでは仕立て法や整枝法あるいは台木などの影響でマグネシウム欠乏が助長されることがある。

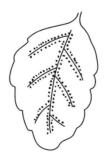

葉脈間が黄白化する　　　　葉脈に沿って黄白化する　　　葉縁から黄化する
水稲、キュウリ、トマト、ピーマン、　ナス、ホウレンソウ　など　　大麦、トウモロコシ、
イチゴ、メロン、スイカ、オクラ、　　　　　　　　　　　　　　　ダイコン、カブ、ゴボウ、
エダマメ、キャベツ、ハクサイ、　　　　　　　　　　　　　　　　パンジー　など
カリフラワー、コマツナ、シロナ、
チンゲンサイ、ミツバ、ネギ、フキ、
クワイ、ミカン、ブドウ、ナシ、
ストック　など

図5　マグネシウム欠乏症状の特徴

③対　策

　欠乏の応急対策には作物に適正な濃度の硫酸マグネシウム溶液を1週間おきに数回散布する。また，土壌のマグネシウム含量が不足している場合は酸性土壌には苦土石灰，水酸化苦土，中性あるいはアルカリ性土壌では硫酸苦土肥料を施用する。塩基バランスが悪く，カリや石灰が多量にある場合は塩基バランスが良好に保たれるように施肥の改善を行なう。

(2)マグネシウム過剰

　マグネシウムを多量に吸収するとカルシウムやカリウムの吸収が抑制される。一般にマグネシウムそのものの過剰害は発生しにくいが，多量のマグネシウム(塩化マグネシウムなど）を施用した場合に発生しやすく，サトイモでは下位葉の葉縁が不規則に淡褐色となり，枯死する。過剰対策は土壌中の苦土が過剰な場合は灌水量を多くする，あるいは降雨などにより苦土の流亡を図るが，苦土の適正施肥に努めることが重要である。

6. イオウ

　生体内では酸化還元系に関与し，メチオニンやシステインなどの含硫アミノ酸を構成する。

(1)イオウ欠乏
①症　状

　水稲では分げつ期に発現し，分げつが停止して，草丈が伸長しなくなり，下位葉葉先から葉色が淡緑～淡黄緑化して，チッソ欠乏症状に類似する。野菜の水耕栽培では欠乏症状は上位葉に現われやすく，葉色は淡緑～黄化する。

②発生条件

　肥料は副成分としてイオウ成分を含む場合が多いので，通常これらの肥料を利用している場合，イオウ欠乏は発生しないが，長期間，尿素など無硫酸根肥料を連用している圃場ではイオウ欠乏の発生が懸念される。近年では滋賀県で側条施肥で水稲栽培を行なっていた場合に初期生育抑制障害が発生し，この障害がイオウ欠乏に起因していることが報告されている。これはペースト肥料に含まれる有機物などの分解などによる土壌還元の発達に伴い，有効態イオウが飢餓状態になることで発生したイオウ欠乏と推定されている。チッソ欠乏症状と紛らわしいが，チッソ欠乏のように古い葉から新しい葉への移行は容易でないとされている。また，硫安のように硫酸根を含む肥料と尿素のような無硫酸根肥料を異なる場所にそれぞれ施用し，葉色反応を調べることにより容易に判別できる。

③対　策

　欠乏対策は硫マグ，硫安，硫加，過石などの硫酸根を含む肥料を施用するか，育苗期に硫酸カルシウムの施用を行なう。硫安の追肥については注意が必要で，硫安の施用によって欠乏は回復するが，障害発生時に吸収されず作土に相当量のアンモニア態チッソが残存している場合に追肥が行なわれると幼穂形成期に至っても葉色が落ちず穂肥の適期施用を逸することがあるので注意する。

(2)イオウ過剰

　経根的過剰吸収についてはあまり知られていないが，SO₂ガスの害作用については大気汚染関係で研究されているように，急性害では葉縁や葉脈間に白色，褐色，赤褐色などの斑点状のネクロシ

スを生じ，慢性害では葉のネクロシスはあまり認められず，クロロシスが徐々に進行する。発現部位は一般に生育の旺盛な中位葉に多く認められる。また，開発農用地や干拓地などではパイライト（FeS_2）のように易酸化性イオウを多量に含む粘土が出現することがあるが，これが空気に触れて酸化されると容易に硫酸を生じるため，土壌は非常に強い酸性を示し，植物に被害を与える。

7. 鉄

生体内では鉄蛋白として酸化還元反応・光合成などに関与している。生体内での再移動はほとんどしないので，常に鉄を供給する必要がある。

(1)鉄欠乏
①症　状

鉄欠乏症状は先端あるいは新しい葉に現われ，葉脈の緑色を残したまま，葉脈間が淡緑から黄白化する。症状が進むと葉全体が黄白化する。発生した症状が鉄欠乏症状かどうかは鉄の供給により，症状が消失するか否かを調べることで判別できる。ホウレンソウ，シュンギク，セルリー，ナス，キュウリ，カボチャ，ピーマンなど約十種の野菜では鉄が欠乏すると根からリボフラビン（ビタミンB_2）を分泌するので，根は黄変しやすく，水耕栽培では培養液が黄変する。

②発生条件

土耕では，土壌反応が中性からアルカリ性に傾くと欠乏が発生しやすい。また，酸性土壌でリン酸含量が高い場合にも発生する。さらに，マンガンや亜鉛などの重金属類あるいはリンを多量に吸収すると鉄欠乏が誘発される。

③対　策

土壌が中性からアルカリ性に傾いている場合は石灰質肥料などアルカリ資材の施用を停止し，硫安，硫加，低度化成などの酸性肥料などを用いて，土壌反応を積極的に矯正する。土壌が酸性でリン酸含量が高いときは酸度を好適な状態に改善するとともにリン酸肥料の施用を控える。また，鉄剤の補給では鉄キレート化合物を2kg/10a程度施用する。応急的には作物に応じて0.2〜1％の硫酸第一鉄溶液の葉面散布を行なう。

(2)鉄過剰

通常，鉄過剰はほとんど発生しないが，水稲では土壌の還元化が進み，二価鉄を多量に吸収すると葉に褐色の斑点が生じる。ユリではpHが低下し，下位葉の葉先や葉縁，葉脈間が筋状に茶褐色〜黒変する。また，水耕栽培ではキレート鉄を多量に投与するとキュウリでは葉縁が黄化するとともに上位葉は下向きにカッピングし，葉脈間のところどころが黄変する。ピーマンやエダマメでは葉に褐色の斑点を生じる。過剰対策は排水対策を実施し，過湿にならないように水分管理を行ない，土壌を酸化状態に保つ。また，土壌が酸性の場合は石灰資材などアルカリ資材の施用により，土壌pHを適正な範囲に改善する。

8. マンガン

生体内では光合成や酸化還元反応に関与する。

(1)マンガン欠乏
①症　状

欠乏症状は中上位の成葉に現われやすいが、麦や水稲では欠乏が激しいと下位葉から現われることがある。症状は一般には葉脈に沿って緑色が残るとともに葉脈間が淡緑色から黄白化するが(図6)、ナスでは褐色、カリフラワーでは白〜黄色の小斑点の発生が認められる。また、葉中マンガン濃度がおおむね20ppm以下で欠乏症状が発現しやすく、マンガン濃度が低くなるほど欠乏症状葉の割合が増加する。

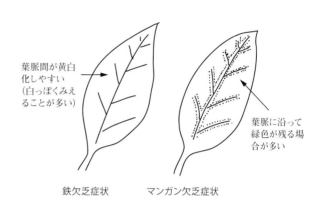

図6　鉄欠乏症状とマンガン欠乏症状の見分け方

②発生条件

土壌では土壌中のマンガン含量が不足している場合や、土壌に十分なマンガン含量があってもpHが上昇して中性に傾くとマンガンが不溶化するので欠乏が発生しやすくなる。また、まれに有機物の多い土壌ではマンガン酸化菌によってマンガンが酸化され、不溶化するため欠乏が発生することがある。

なお、土壌の交換性マンガンや水溶性マンガンは土壌採取後の保管期間が長くなったり、保存温度が高い場合には1週間程度の短期間であっても変動し、含量が増加する傾向にあることから測定にあたってはできるだけ早く測定する。

③対　策

土壌のマンガン含量が不足している場合は硫酸マンガンや鉱滓マンガンなどのマンガン肥料の必要量を施用する。土壌が酸性の場合は鉱滓マンガンなどのアルカリ性肥料を施用し、中性あるいはアルカリ化している土壌では硫酸マンガンを施用するが、土壌反応が中性からアルカリ性の場合、アルカリ資材の施用を停止するとともに土壌反応が改善されるまで積極的に硫安、硫加、低度化成などの酸性肥料を用いて土壌のpHを矯正する。応急的には0.2％の硫酸マンガン液を1週間おきに数回葉面に散布する。

(2)マンガン過剰
①症　状

過剰症状(表1)は下位葉から発現し、トマト、ナス、キュウリ、エダマメでは主として葉脈あるいは葉脈に沿って褐変が進むが、エダマメでは先端葉が縮れる。水稲、大麦、ピーマン、キャベツ、ダイコンなどでは葉脈間に黒褐色の斑点を生じる。セルリー、ニンジンなどでは葉縁部に褐色の斑点を生じ、カリフラワーでは葉脈間に枯死斑点を不規則に発生し、サトイモ、ホウレンソウ、シロ

表1　マンガン過剰症の特徴

障害特徴	作物名
1) 葉脈がチョコレート色に変色する	ナス，キュウリ，トマトなど
2) 葉脈間にチョコレート斑点が生じる	大麦，水稲，ピーマン，カリフラワー，キャベツ，ハクサイ，ダイコンなど
3) 葉縁部に斑点症状など障害が発生する	セルリー，ニンジン，シュンギクなど
4) 葉脈間が黄変するもの	ホウレンソウ，シロナ，サトイモなど

ナなどでは葉脈間が黄変しやすいが，ホウレンソウでは部分的に葉脈もチョコレート色に変色する。このほか，キクでは葉脈間が淡いチョコレート色を呈し，ヒマワリやヒャクニチソウでは葉脈およびそれに沿った部分が黒褐色に変化する。また，毛茸の基部が黒褐色に変色する場合が多く観察される。さらに，小麦，大麦，トウモロコシの根は黒褐色を呈する(図7)。このようにマンガンの過剰は各作物に特有の過剰症状を発現させる。

図7　大麦の根のマンガン過剰症状
左はマンガン過剰によりチョコレート色に変色している。右は健全な根

②発生条件

　マンガンの過剰害は外観にその症状を現わすが，葉中鉄濃度は著しく低下しており，作物体内では鉄欠乏も発現していると推察される。このことを示す例として，培養液のマンガン濃度を0.5(標準)〜200ppmに設定し，ホウレンソウを栽培した場合，鉄欠乏で分泌されたリボフラビンがマンガン濃度が高くなるほど増加する傾向を示し，マンガンの過剰投与により鉄欠乏が次第に進行している状況が認められた。また，マンガンの過剰発現レベルを逆に鉄欠乏の発現とみなし，リボフラビンの分泌量と葉中マンガン濃度の関係からマンガンの過剰発現レベルは108ppmであることが明らかになった。

③対　策

　過剰害は土壌の還元によりマンガンが有効化して，作物がマンガンを異常に吸収した場合や土壌が酸性でマンガン含量が高い場合に発生する。還元状態で障害が発生している場合は土壌を適度に乾燥させ，酸化状態を維持する。また，酸性状態で障害が発生している場合は石灰などアルカリ資材を施用して土壌のpHを高め，マンガンの不溶化を図る。

9.　銅

　銅は葉緑体中に多く含まれ，光合成や，アスコルビン酸酸化還元酵素などを構成する。

(1)銅欠乏
①症　状

　欠乏症状は一般的には上位葉の葉脈間に小斑点状のクロロシスが発生するが，上位葉は萎れたよ

うに垂れ下がる場合も多い。また，先端葉がカッピング症状を呈する場合もある。
② 発生条件

　銅欠乏は銅欠乏土壌や土壌のpHが上昇し中性からアルカリ性に傾き，銅が不溶化した場合に発生する。わが国では岩手県，宮城県，北海道などに酸性腐植質黒ボク土壌（火山灰土）の銅欠乏地帯があり，麦に銅欠乏が発生しやすい。また，カンキツでの発生が報告されている。

③ 対　策

　土壌の銅含量が欠乏している場合は硫酸銅2～3kgを均一施用する。応急的には0.1～0.2％の硫酸銅溶液（薬害防止のため石灰加用）あるいはボルドー液の使用が可能な作物ではボルドー液の葉面散布を行なってもよい。

(2) 銅過剰

① 症　状

　過剰症状は上位葉が淡緑化し，鉄欠乏症状が誘発されやすいが，キュウリやミツバでは下位葉から黄化が進む。ダイコンでは葉の裏に褐色の斑点が生じるとともに葉柄基部近くに黒褐色の不整形斑点が発生する。また，各作物とも根が強く障害を受け，褐変することが多い。障害を受けた根は太くて，側根の伸びが不良となり，生育は著しく阻害される。

② 発生条件

　過剰害は銅鉱山の近辺やメッキ工場などから多量の銅を含む廃水が水田などに流入し，土壌中の銅含量を高めた場合に発生する。

③ 対　策

　過剰対策は酸性土壌で障害が発生している場合は，石灰質肥料を施用し，土壌のpHを高め，銅の不溶化を図る。あるいは客土により作土の根域を変えたり，過剰部分の除去，天地返しにより作土と心土を混和し，含量の低下を図るなどの対策を講じる。また，有機物を施用すると銅の毒性が弱まるので，有機物の施用を行なう。

10.　亜　鉛

　生体内では酵素の活性化に不可欠な要素である。

(1) 亜鉛欠乏

① 症　状

　欠乏症状はトマト，シロナ，コマツナ，チンゲンサイ，セルリーなどでは葉や葉柄にアントシアン色素が発現しやすい（図8）。また，葉が小葉化したり，ロゼット状になる。あるいは，葉脈間が淡緑色から黄変する。

② 発生条件

　土壌中の亜鉛含量の不足や土壌反応が中性からアルカリ性に傾くと発生しやすく，リン酸の多施用は亜鉛欠乏を誘発する。生産現場ではコンニャクやラッキョウで亜鉛欠乏が発

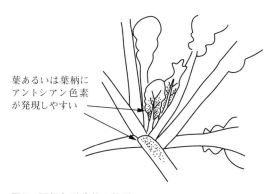

図8　亜鉛欠乏症状の特徴

生している。
③ **対　策**

　欠乏対策としては石灰資材の施用を停止し、土壌反応が酸性に傾くように積極的に酸性肥料を施用する。土壌の亜鉛含量が不足している場合には硫酸亜鉛1kg程度/10aを均一に施用する。応急的には硫酸亜鉛溶液0.2％（薬害防止のため石灰加用）を葉面散布する。石灰硫黄合剤に硫酸亜鉛を混用して散布してもよい。

(2) 亜鉛過剰
① **症　状**

　銅過剰と同様に作物は亜鉛を過剰吸収すると生育が阻害され、上位葉には鉄欠乏症状が誘発される。イチゴでは下位葉の葉脈が褐変するとともに葉柄には褐色斑を生じ、上位葉に鉄欠乏症状が発生する。エダマメでは上位葉が鉄欠乏症状を示すとともに中上位葉の葉脈が褐変する部分が多く認められた。また、セルリーでは下位葉の葉脈が黄変し、やがて葉全体が黄化する。ジャガイモでは下位葉より黄化が進む。

② **発生条件**

　亜鉛含量の高い酸性土壌あるいは亜鉛鉱山の近辺で過剰障害が発生しやすい。

③ **対　策**

　過剰対策には石灰質肥料を施用し、土壌のpHを高めて、亜鉛の不溶化を図る。あるいは客土により作物の根域を変えたり、過剰部分の除去、天地返しにより作土と心土を混和し、含量の低下を図るなどの対策を行なう。銅過剰と同様に上位葉が淡緑～黄変し、鉄欠乏症状が発生しやすい。

11. ホウ素

　生体内ではリグニン・ペクチンの形成、花芽・発芽・花粉の生育に関与している。

(1) ホウ素欠乏
① **症　状**

　欠乏すると分裂組織に影響が現われ、欠乏症状は先端部に現われ、茎葉は硬くて、ごわごわし、もろくなる。先端葉は黄化したり、小葉化して生長が阻害される。茎部には亀裂が入ったり、ヤニ

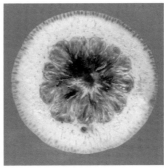

図9　ホウ素欠乏症状の特徴
左：先端葉は奇形化（トマト）、中：果実内部に障害（ダイダイ）、右：根は側根が伸びず生育不良

を生じることがある。また，果梗の離層が発達し，子実の落下が激しくなるとともに，子実の表面や内部にも障害が発生しやすい。タマネギでは生育が抑制され，収穫期になっても球の肥大が悪く，ほとんど収穫できない状況であった。根は側根が伸びず生育不良となる（図9）。

② 発生条件

培地のホウ素含量に不足が生じたり，土壌反応が中性あるいはアルカリ性に傾いた場合や土壌が乾燥するとホウ素は不溶化するので欠乏が発生しやすい。

③ 対　策

土壌のホウ素含量が不足の場合はホウ砂0.5～1kg/10aを圃場の全面に均一に施用する。あるいはFTE，BMようりん，ホウ砂などホウ素含有資材の適量を施用する。また，土壌を乾燥させないように注意して栽培する。応急的にはホウ砂の0.3％（生石灰等量加用）を葉面に数回散布する。

(2) ホウ素過剰

① 症　状

過剰症状は多くの場合，下位葉の葉縁が黄白化あるいは褐変し，葉脈間に同色の斑点を生じることが多いが，ナス，ピーマン，エダマメでは主として葉脈間に褐色の小斑点を発生する（図10）。セルリーでは新葉が矮小奇形化し，茎部に褐色の条が現われる。また，キュウリやブドウでは上位葉は外側に巻きやすい。生産現場ではナス，イチゴ，サツマイモ，マンゴー，食用ユリなどにホウ素過剰障害が発生している。ミカンでは葉先から葉脈間の黄化が始まり，この症状は次第に葉全体に及び，やがて落葉が激しくなる。

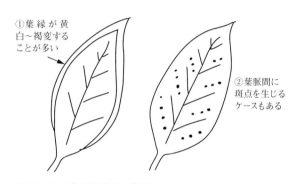

図10　ホウ素過剰症状の特徴

② 発生条件

ホウ素の土壌での適量域は狭いので，ホウ素資材を多用すると過剰障害が発生しやすく，土壌が酸性ほど障害が強く現われる。

③ 対　策

過剰対策は透水性の良いところでは多量の灌水を行ない，ホウ素を流亡させ，アルカリ資材を施用して土壌のpHを上昇させる。

12. モリブデン

生体内では硝酸還元酵素の中に含まれているため，モリブデンが欠乏すると植物体内に硝酸が蓄積し，障害が発生する。

(1) モリブデン欠乏

① 症　状

欠乏症状は作物によって現われ方に違いがある。ホウレンソウでは葉先あるいは葉縁から脱水されたように白化が始まり，枯死が進行する。シロナでは葉脈間の一部が凹状となり黄白化する。ダイコンでは葉の上部の葉脈間が淡緑～淡褐色化する。

◆ 200 — 要素別　症状・発生条件・対策

②発生条件

　土壌が酸性になると発生しやすいが，現状ではわが国での発生事例は少ない。

③対　策

　酸性土壌の改良を行ない，土壌反応を中性に傾ける。応急的には薬害が出ないように注意して，0.01 〜 0.05 ％のモリブデン酸アンモニウムあるいはモリブデン酸ソーダ溶液の葉面散布を実施する。

(2) モリブデン過剰

①症　状

　過剰症状は一般に下位葉から黄変しやすい。トマトでは先端葉が小形化し，葉柄の基部より黄化し始める。また，下位葉は葉脈の緑色を残して，鮮やかに黄変し，次第に上位葉にこの症状が及ぶ。黄変は葉中モリブデン濃度が1,000ppm程度で発生する。キュウリでは葉脈の緑色を残し，葉脈間が鮮やかに黄変する。ホウレンソウでは下位葉の葉先の葉脈や葉縁の葉脈間から黄化し始め，やがて葉脈間が黄変する。セルリーでは下位葉の葉脈が黄変し，葉先から黄変が葉全体に広がる。水稲では下位葉から黄化し始めるという。また，モリブデン含量の高い牧草を牛に与え続けると，下痢，骨の異常，繁殖障害などが起こることがよく知られている。

②発生条件

　モリブデン鉱山近辺あるいはモリブデンを含んだ廃水などが流入し，土壌中の含量が過剰になった場合に発生しやすい。

③対　策

　過剰対策は土壌反応を酸性領域に移行させ，モリブデンの不溶化を図ることである。

障害の診断・調査法

1. 要素障害と診断法の基礎

(1) 診断の目的

作物生産は図11に掲げたように，作物と地上部の生育空間，そして地下部の空間である培地を構成要素として，健全，高品質，栄養価の高い食料を多収穫することを目的としているが，作物の生育は作物自身の遺伝的素質に支配され，生育する環境，病虫害，さらに育成・保護・制御を目的とした各種処理による影響を強く受ける。これらの影響のなかでとくに問題となるのは作物生育への悪影響で，生育不良や生育障害となって現われる。

さて，作物の生育は通常土壌を基盤にしているが，図12に示したように，土壌の不良要因は個々に列挙される。これらは生物性・化学性・物理性の悪化に大別され，作物の生育に悪影響を及ぼす。

養分の摂取は作物生育の基本となるものであるが，作物体は約40種におよぶ元素で構成されており，これらの大部分は培地である土壌から摂取される。また，作物の生育に必要な成分は炭素，水素，酸素，チッソ，リン，カリウム，イオウ，カルシウム，マグネシウム，鉄，マンガン，銅，亜鉛，モリブデン，ホウ素，塩

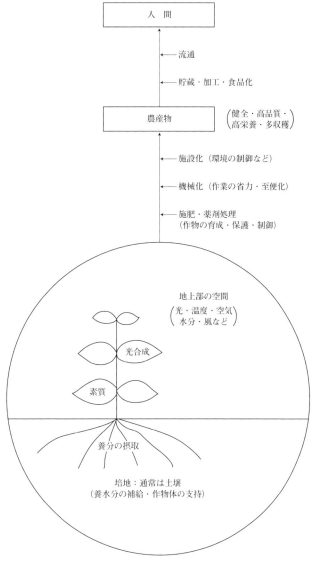

図11　作物生産の構成要素と生産過程の模式図

素，ニッケルなど17の必須成分とストロンチウム，チタンなどのように必ずしも作物に必要でない成分に区別される。このなかには人間や動物にとっての必須元素であるナトリウム，コバルト，ケイ素，フッ素，アルミニウム，バナジウムなども微量に含まれる。さらに作物の必須成分は便宜上，チッソ，リン，カリウムのように作物体に多量に含まれる多量成分と銅，亜鉛，モリブデンのように微量しか含まれない微量成分に類別されるが，いずれも作物体内では重要な役割を果たして

いる。また、これらの成分量のバランスが作物の栄養状態を決定しているが、培地の栄養条件などに支配されて生育する作物は、土壌の化学性あるいは気象条件の劣悪化により、生育に必要な養分が適量摂取できなくなると、作物の生育は不良となり、やがて葉・茎・子実・根などに過不足養分特有の障害症状が現われ、要素障害が発現する。また、ケイ酸のように必須成分とされていない成分でも、水稲では要求性が高いため欠乏により生育が阻害されることもある。さらに、公害の発生時にみられたように作物に不必要な成分が多量吸収され、食物として利用できなくなる場合や作物に障害が発生する場合もある。

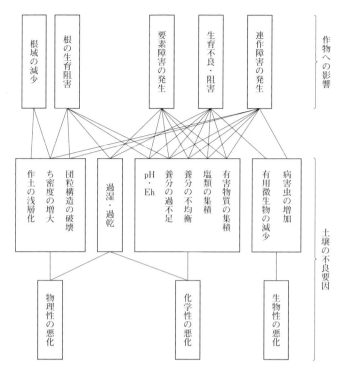

図12　土壌の不良要因が作物へ及ぼす影響

　このような要素障害の発生は作物の生育不良や収量低下のみならず、品質を低下させる要因となり、商品価値を著しく損ない、農業上大きな損失をもたらす。また、食料としてもミネラル栄養面の低下が懸念される。このため、作物の栄養状態が健全であるかどうかを判断し、作物を適正に育成することは極めて重要なこととなる。

(2) 診断の方法

　作物の栄養状態を判断することを要素診断といい、要素診断技術は作物を適正に育成するための重要な管理技術となる。また、診断の結果は肥培管理を適切に行なうための対策に活用されるとともに、要素障害の発生にあっては障害原因の究明に寄与し、応急対策に役立つ。

　診断とは正常と異常を区別し、異常の原因を判断することであり、診断を行なうには正常と異常を判別できる指標や基準が必要となる。通常、作物の栄養状態を判断する指標には、1) 生育様相や作物体に現われる外観症状、2) 体内要素含量や要素間の含量比、3) 代謝物質あるいは代謝異常に伴い検出される物質などが用いられる。要素診断の方法は手法の相違により、①外観症状による診断法：肉眼観察に基づく養分欠乏症・過剰症による診断法、②要素施用法：要素の施用効果の有無により欠乏を判定する方法、③養分含量による診断法：養分含量を分析測定する診断法、④その他の診断法に区分されるが(表2)、いずれも上述の診断指標を利用している。また、診断にあたっては複数の診断法を駆使して、診断の精度を高める工夫が必要である。以下、①〜④の診断法について紹介する。

①外観症状による診断法

　作物体に養分の過不足が発生すると過不足養分特有の障害症状が作物体に発現することから、逆に作物に現われた症状を観察し、栄養状態を診断する方法である。この方法は、葉の形態・色調の異常や障害の発生部位、作物の生育様相など詳細な観察が主体となる。これらは作物の種類により

障害の診断・調査法 — 203

表2　各種要素診断の方法

方　法	内　容	備　考
外観症状による診断法	養分欠乏症・過剰症に基づく肉眼観察により，診断する	**ビジュアルコミュニケーション用ツール** ・葉の形態・色調の異常や障害の発生部位などの観察作物の生育様相など詳細な観察 ・日常の観察を通じて，早期に作物の異常を発見，未然に障害の発生を防止可能 ・比較照合できる診断資料があれば診断の精度が向上
要素施用法	要素の施用効果の有無により欠乏を判定する	**欠乏障害に有効** ・要素の土壌施用による効果の確認 ・葉面散布による効果の確認
養分含量による診断法	化学分析などにより，養分含有率を測定して診断する	**診断の基準値が必要** ・診断基準値が必ずしも明確でない状況下で診断を行なう必要が生じた場合には，障害が発生した作物と健全な作物の成分とを比較し，養分含有率の差異から不良あるいは障害要因を推定することができる **診断部位と生育ステージ** ・採葉時期・採葉部位などの条件を一定にして採取することが重要
代謝物質あるいは代謝異常物質による診断法	代謝物質あるいは代謝異常物質による測定により診断する	**指標物質に用いられる物質など** ・アスパラギン（水稲の穂肥の要否を判定） ・ヨウ素デンプン反応（水稲の穂肥の要否を判定） ・グルタミンあるはアミド態窒素（タマネギのチッソの診断） ・リボフラビン（鉄欠乏の診断）

異なる障害症状を呈することがあるので，診断にあたっては熟練を要するが，障害症状を熟知すれば診断は容易である。要素障害が現地で問題となる場合，作物の生育が阻害されたり，作物体に可視障害が発生している場合がほとんどである。診断技術が生産活動の担い手である農家レベルまで普及することの必要性を考慮すれば，潜在的な欠乏や過剰の状態を知り得ないという点はあるものの，日常の観察を通じて，早期に作物の異常を発見できるので，うまく活用すれば未然に障害の発生を防止できる。このため，本手法は極めて実際的な手法であるといえる。また，発現した症状と比較照合できる診断資料があれば，診断に不慣れな人でも容易に利用でき，診断の精度を高めることができるので，本書の症例を参考にされたい。

　診断上，留意すべき点は要素障害に類似する障害と間違えないように区別し，適確な診断を行なうことである。

②**要素施用法**

　この方法は欠乏要素の診断に有効で，葉への要素の散布や塗布あるいは土壌施用を行ない，これらの処理の有無により，欠乏要素の判定を行なう方法である。

　本手法は現場でも容易に使えるので外観症状による診断法と組み合わせて活用すれば，欠乏障害に対して精度の高い診断が期待できる。

　一般に使用されている各要素の葉面散布濃度は要素により異なるが，散布濃度が高かったり，作物の生育ステージを無視した散布，高温下における散布など，散布の条件が悪ければ，薬害が発生することもあるので注意を要する。とくにハウス内での葉面散布は高温と軟弱生長のため，薬害が発生しないように散布濃度を低くするが，散布回数を増やすなどの工夫を凝らして，要素の散布効果が容易に確認できるように処理することが大切である。

　また，土壌施用の方法を用いる場合，チッソやカリのように短期間に判定できる要素を用いることが望まれる。施用効果のおそい要素では診断が遅れるばかりか，生育期間中に他の要因が影響して，診断があいまいになることがある。

◆204 — 障害の診断・調査法

③養分含量による診断法

作物体の養分含量から栄養状態を判定する方法で，診断基準値に基づき診断を行なう。一般には化学分析による養分含量の測定が行なわれているが，近年，X線マイクロアナライザー分析計や微小部分X線マッピング装置あるいは近赤外分析計による診断も検討されつつある。しかし，これらの分析機器は高価であり，現場に普及しにくい。このため，生産活動の場にある普及所や農協などで効率的に利用できるよう，簡易で迅速な測定方法あるいは簡易分析機器の開発が必要である。本手法は外観症状による診断法に比べ，潜在的な欠乏や過剰の診断が行なえるため，必要な対策を早期に実施できる。また，作物ごとの診断基準値が必要となるが，診断基準値はほとんど策定されていない状況にある。また，多くの場合，欠乏や過剰の発現し始めるレベルは明らかでない場合が多い。このため，これらを明らかにし，基準値の設定を行なう必要があるが，診断基準値が欠乏，適量，過剰の閾値のなかの代表値で設定された場合でも，分析値とこれらを比較し，分析値がいずれの値に傾いているかを判断すれば，診断を下すことが可能である。このことをベースに45作物について欠乏・適量・過剰値による診断基準の設定を試みた結果が表3である。

今後は各生育ステージの養分状態がモニターできる基準値の設定が望まれる。診断基準例のない場合でも，対照として正常に生育しているものを同時に採取・分析し，養分含量を比較することによって，不足成分や過剰成分を明らかにすることができる。

養分含量は葉・茎・子実などの各器官によって大きく変動するが，一般に栄養状態を最も敏感に表わし，サンプリングしやすい葉が分析試料として用いられる。

葉の養分含量は生育ステージ，着葉部位によって異なるので，採葉時期・採葉部位などの条件を一定にして採取することが肝要である。また，分析試料採取の際には作物の生育様相を把握するとともに，障害症状がみられる場合，障害の発生部位など障害特徴の詳細な観察や採葉中の障害葉割合を調査しておくとよい。これらのことは障害要素の推定や障害の程度を把握できるので，診断を下す場合，分析結果と併せ，診断結果をより確実にし，補完することになろう。

④その他の方法

代謝物質あるいは代謝異常物質による診断法　要素の欠乏あるいは過剰に対応する生理代謝物質や代謝異常に関わる酵素・分泌物などを指標物質とし，その変動を調べて診断する手法である。たとえば，水稲の穂肥の要否の判定にアスパラギン，タマネギのチッソ診断にはグルタミンあるいはアミド態チッソが指標物質として用いられる。また鉄欠乏の判定には鉄が欠乏すると根からリボフラビンが分泌されるので，これを指標物質として測定し，鉄欠乏の診断を行なうことができる。

ナス，キュウリ，ホウレンソウ，シュンギク，セルリー，レタス，パセリ，カボチャ，ゴボウ，ピーマンなどの一般野菜では鉄が欠乏すると多量のリボフラビン（ビタミンB_2）を根から分泌するので，水耕栽培では培養液が黄変しやすい。リボフラビンを含む液は紫外線の照射により黄緑色の蛍光を発するため，培養液にリボフラビンが存在しているかどうかを確認することにより，逆に鉄欠乏が発生しているかどうかを判別できる。完全培養液と鉄欠除培養液でホウレンソウを栽培した場合，鉄欠除区の葉色がやや淡緑化し始めるが，鉄欠乏症状がまだ顕在化していない時期では，鉄欠除区と完全区の培養液間に肉眼で差異が認められない。しかし，両者の培養液に紫外線を照射すると，完全区では蛍光反応を示さなかったが，鉄欠除区では蛍光を発し，完全区と区別できた。このことは鉄欠除区では既に鉄欠乏が発生していることを示唆している。このようにリボフラビンは作物体に鉄欠乏が顕在化する前に検出できるので，鉄欠乏の早期診断に活用できる。

一方，鉄欠乏根を観察すると根のところどころに黄色の斑点や根全体の黄化がみられる。この部分は紫外線の照射により蛍光反応を示すので，土耕栽培では根部が鉄欠乏の診断に利用できる。も

表3 作物別欠乏・適量・過剰による診断基準値

作物名		%					ppm				
		N	P	K	Ca	Mg	Fe	Mn	Cu	Zn	B
水　稲*	適量	2.88	0.61	4.51	0.79	0.49	155	173	7	61	9
水　稲*	欠乏	0.56	0.16	0.26	0.29	0.11	81	14	3	14	4
水　稲*	過剰							7,110	90	1,730	219
小　麦*	適量	3.28	0.26	4.45	0.21	0.19	77	36	4	53	27
小　麦*	欠乏	0.70	0.02	1.14	0.03	0.03	38	16	0.9	6	6
小　麦*	過剰	6.78	1.22		1.03	0.54		844	27	300	264
大　麦*	適量	3.80	0.23	4.71	0.58	0.46	113	52	5	103	33
大　麦*	欠乏	1.08	0.05	0.41	0.04	0.04	53	3	2	7	3
大　麦*	過剰	5.92	0.58	9.27	2.25			2,516	96	1,380	216
トウモロコシ*	適量	3.02	0.76	4.50	0.54	0.26	90	124	12	27	26
トウモロコシ*	欠乏	0.83	0.09	0.17	0.06	0.05	52	17	2	11	2
トウモロコシ*	過剰							4,055	20	647	498
トマト	適量	3.58	0.42	4.59	3.23	0.79	115	75	7	87	40
トマト	欠乏	0.92	0.11	0.35	0.95	0.10	80	12	3	16	19
トマト	過剰	8.73		20.5	6.61	1.44		5,560	148	311	740
ナ　ス	適量	4.18	0.51	6.17	2.59	0.67	127	149	7	79	71
ナ　ス	欠乏	1.39	0.17	0.26	0.18	0.10	87	8	3	11	15
ナ　ス	過剰	6.20		13.4	7.24	3.84		1,260	257	805	195
ピーマン	適量	4.62	0.38	7.45	1.18	0.79	110	76	7	110	76
ピーマン	欠乏	2.17	0.11	0.86	0.89	0.14	102	6	4		9
ピーマン	過剰		1.37				1,075	438	116	898	295
キュウリ	適量	4.41	0.59	4.27	3.15	0.92	186	96	10	52	62
キュウリ	欠乏	1.22	0.08	0.37	0.25	0.19	67	15	4	13	13
キュウリ	過剰	6.41		16.0	8.03	1.49	771	2,560	107	1,933	877
スイカ	適量	4.81	0.53	5.12	3.27	0.88	166	66	8	39	53
スイカ	欠乏	1.26	0.18	0.43	0.56	0.19	138	12	1	18	12
スイカ	過剰							1,024	36	1,764	501
メロン	適量	3.08	0.48	5.68	3.98	1.46	211	100	9	50	48
メロン	欠乏	1.26	0.13	0.43	0.66	0.17	116	14	4		16
メロン	過剰							10,771	122	1,130	641
カボチャ	適量	5.00	0.80	4.70	2.36	0.79	153	61	7	34	81
カボチャ	欠乏	2.37	0.12	0.32	0.65	0.18	108	12	2	11	11
カボチャ	過剰							2,985	128	1,765	528
イチゴ	適量	2.88	0.40	3.44	1.12	0.80	124	100	8	25	75
イチゴ	欠乏	1.58	0.08	0.13	0.19	0.01	83		2	14	18
イチゴ	過剰							6,985	27	201	500
オクラ	適量	3.43	0.89	3.94	3.55	0.96	250	167	8	26	78
オクラ	欠乏	1.75	0.14	0.21	0.65	0.16	68	16	2.5		21
オクラ	過剰							8,395	90	9,755	302
エンドウ*	適量	4.62	0.84	5.56	0.96	0.27	135	122	4	21	31
エンドウ*	欠乏	2.13	0.12	0.24	0.10	0.09	46	4	2	4	5
エンドウ*	過剰							2,775	65	680	150
エダマメ	適量	4.16	0.41	4.17	1.64	0.37	96	86	4	136	80
エダマメ	欠乏	1.00	0.14	0.39	0.08	0.04	47	11	2	11	9
エダマメ	過剰	9.32	1.04	9.65	3.83	2.44	1,078	4,300	29	477	911
キャベツ未結球*	適量	4.50	0.73	4.08	3.46	0.92	166	131		47	30
キャベツ結球*	適量	5.98	0.52	4.36	0.47	0.71	111	87	6	85	36
キャベツ*	欠乏	1.14	0.07	0.18	0.33	0.19	68	6	2	7	14
キャベツ*	過剰	9.61	11.55	13.9	7.31		415	603	155	965	460
ハクサイ*	適量	3.52	0.52	6.03	0.92	0.62	81	74	4	42	53
ハクサイ*	欠乏	1.05	0.09	0.18	0.25	0.03	30	4	2	10	12
ハクサイ*	過剰							1,775	115	1,785	183
シロナ*	適量	4.25	0.53	5.69	1.71	0.53	120	70	4	40	56
シロナ*	欠乏	0.56	0.11	0.13	0.14	0.03	47	4	2	6	8
シロナ*	過剰	6.42		13.1	4.17	1.31		1,370	86	1,680	560

（次ページへつづく）

◆ 206 ― 障害の診断・調査法

作物名		%N	P	K	Ca	Mg	ppmFe	Mn	Cu	Zn	B
コマツナ*	適量	5.32	0.54	8.83	2.69	0.66	86	56	5	18	51
コマツナ*	欠乏	1.12	0.11	0.87	0.29	0.11	43	9	2	7	7
コマツナ*	過剰							1,173	91	1,697	287
チンゲンサイ*	適量	4.48	0.64	7.54	2.36	0.68	68	83	5	22	45
チンゲンサイ*	欠乏	1.41	0.06	0.43	0.51	0.05	26	11	2	15	12
チンゲンサイ*	過剰							6,838	52	1,232	355
ホウレンソウ*	適量	4.73	0.80	6.67	0.68	0.94	118	95	10	57	44
ホウレンソウ*	欠乏	1.86	0.13	1.06	0.10	0.11	70	11	2	16	10
ホウレンソウ*	過剰	6.41	1.48		3.24	1.68		1,843	39	690	390
シュンギク*	適量	4.29	0.78	8.56	1.10	0.45	132	159	12	129	35
シュンギク*	欠乏	1.90	0.21	0.63	0.39	0.05	73	9		7	17
シュンギク*	過剰	7.67		14.5	4.77	1.08	579	1,810	63	1,855	593
レタス*	適量	3.73	0.55	6.54	1.04	0.42	101	78	7	23	22
レタス*	欠乏	1.41	0.06	0.22	0.24	0.09	37	13	4	8	7
レタス*	過剰							4,083	53	800	201
セルリー*	適量	3.73	0.78	4.46	3.05	0.68	89	62	6	60	35
セルリー*	欠乏	0.56	0.11	0.32	0.45	0.06	43	17	4	8	17
セルリー*	過剰							4,140	80	2,798	134
ミツバ*	適量	4.42	0.72	5.65	0.84	0.29	258	177	6	26	51
ミツバ*	欠乏	2.05	0.14	0.68	0.16	0.19	43	2	2	16	3
ミツバ*	過剰							7,800	27	657	105
パセリ*	適量	3.57	0.63	5.61	0.50	0.23	100	29	4	19	23
パセリ*	欠乏	1.11	0.10	0.26	0.21	0.05	71		2		8
パセリ*	過剰							1,303	150	950	129
シ ソ*	適量	4.94	0.85	5.85	1.48	0.52	224	191	13	41	79
シ ソ*	欠乏	2.45	0.10	0.50	0.41	0.12	74	6	3	25	8
シ ソ*	過剰							5,490	54	1,900	435
カリフラワー*	適量	4.62	0.43	6.72	1.07	0.69	110	74	13	48	70
カリフラワー*	欠乏	1.03	0.08	0.24	0.23	0.08	34	22	2	6	7
カリフラワー*	過剰							7,345	100	348	682
ネ ギ*	適量	3.89	0.53	4.09	0.96	0.36	93	31	9	28	35
ネ ギ*	欠乏	0.91	0.11	0.88	0.34	0.04	27	12	1	3	3
ネ ギ*	過剰							4,555	22	800	114
タマネギ(収穫期)*	適量	3.24	0.28	3.70	0.68	0.23	104	87	2	19	27
タマネギ(生育盛期)	適量	3.43	0.57	4.97	1.67	0.27	65	63	6	70	
タマネギ*	欠乏	0.54	0.09	0.36	0.34	0.05	39	9			
タマネギ*	過剰	4.58		7.98	2.16	0.76		3,597	12	366	520
ダイコン*	適量	4.38	0.31	5.56	2.85	0.93	101	94	4	22	66
ダイコン*	欠乏	1.25	0.09	0.31	0.38	0.04	46	12	2	11	18
ダイコン*	過剰							691	145	895	459
カ ブ*	適量	2.03	0.41	6.17	4.36	0.98	82	125	6	20	84
カ ブ*	欠乏	0.85	0.11	0.36	0.47	0.09	37	4	2	8	7
カ ブ*	過剰							6,333	102	3,560	249
ニンジン*	適量	3.31	0.42	4.29	3.12	0.52	174	106	7	53	86
ニンジン*	欠乏	1.35	0.08	0.12	0.26	0.04	72	9	3	5	13
ニンジン*	過剰	5.91		10.3		2.04		559	66	1,913	384
ゴボウ*	適量	5.24	0.43	4.44	0.76	0.32	108	55	8	20	24
ゴボウ	適量	4.24	0.26	5.03	1.69	0.64	261	82	8	20	76
ゴボウ*	欠乏	1.39	0.15	0.42	0.31	0.05	61	7	3	10	8
ゴボウ*	過剰							4,625	103	1,460	141
サトイモ	適量	4.58	0.65	5.13	1.90	0.74	197	96		113	76
サトイモ	欠乏		0.12	0.17	0.12	0.17	89	8			9
サトイモ	過剰							3,640			366
ジャガイモ	適量	5.35	0.66	3.95	2.25	0.89	279	174	7	31	73
ジャガイモ	欠乏	2.78	0.12	0.51	0.20	0.20	65	18	3		8
ジャガイモ	過剰							3,796	248	1,070	222

（次ページへつづく）

作物名		%					ppm				
		N	P	K	Ca	Mg	Fe	Mn	Cu	Zn	B
キク	適量	3.71	0.45	5.87	1.29	0.54	244	98	13	54	81
キク	欠乏	1.26	0.08	0.78	0.27	0.08	130	22	4	14	11
キク	過剰							5,540	35	186	172
カーネーション*	適量	2.80	0.43	4.84	1.38	0.56	125	80	5	16	41
カーネーション*	欠乏	0.86	0.04	0.15	0.11	0.10	32	3		5	6
カーネーション*	過剰							2,055	133	1,495	318
パンジー*	適量	3.75	0.75	6.01	1.45	0.78	130	110	8	17	63
パンジー*	欠乏	1.08	0.09	0.34	0.09	0.08	46	12		9	10
パンジー*	過剰							3,980	58	706	584
ヒマワリ	適量	5.46	0.53	5.12	1.98	0.45	179	89	12	62	72
ヒマワリ	欠乏	2.15	0.18	0.10	0.32	0.06	74	13	3		
ヒマワリ	過剰							4,790		606	605
ストック	適量	4.21	0.86	6.67	6.24	1.17	66	98	5	27	67
ストック	欠乏	1.56	0.17	0.59	0.36	0.02	(68)	25	2	3	12
ストック	過剰							6,810	42	934	189
スイトピー*	適量	3.36	0.40	3.72	0.97	0.63	69	37	5	16	40
スイトピー*	欠乏	1.77	0.12	0.40	0.37	0.04	31	9	3	10	9
スイトピー*	過剰							5,571		1,700	610
キンセンカ*	適量	3.78	0.61	4.64	2.04	0.89	234	49	5	21	96
キンセンカ*	欠乏	1.41	0.14	0.28	0.22	0.02	32	1	3	7	5
キンセンカ*	過剰							2,584	183	1,490	176
マリーゴールド*	適量	4.76	1.26	4.97	2.06	0.85		263	8	91	111
マリーゴールド*	欠乏	0.88	0.12	0.44	0.20	0.06	70	122			7
マリーゴールド*	過剰							2,808			446
イチジク	適量	3.36	0.32	2.19	1.82	0.32	134	92	5	22	34
イチジク	欠乏	0.84	0.07	0.24	0.57	0.05	130	3	4	10	4
イチジク	過剰							4,525	13		302

注　作物名の欄で，＊は茎葉，無印は葉身の分析結果を示す
　　空白部は認定できていない部分である
　　（　）のデータはマンガン含量が高く，Fe/Mn比が低くなり，鉄欠乏が発生している

ちろん，最も正確な診断を下すには，根中のリボフラビン含量を測定することであり，今後，根のリボフラビン濃度による診断基準値が設定されれば，より正確に鉄欠乏の診断が行なえよう。

葉色による診断法　図13に示すように葉中チッソ濃度と葉色には強い相関関係が認められることから，チッソの診断が中心でカラースケールや葉色計による方法が幅広く用いられている。このほか分光反射率による診断や映像解析を利用した手法も検討されている。

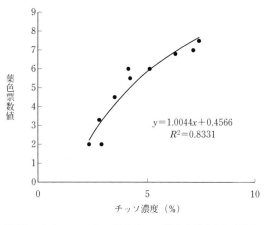

図13　ホウレンソウの葉中チッソ濃度と葉色票の関係

2. 要素障害の現地調査方法と発生要因およびその基本対策

(1) 要素障害か否かの判別と現地調査方法

　実際の作物栽培においては各種形態の障害が発生する。また，障害が現場で問題化する場合，作物の生育が著しく阻害されたり，葉，子実などに顕著な障害症状が発現していることが多い。

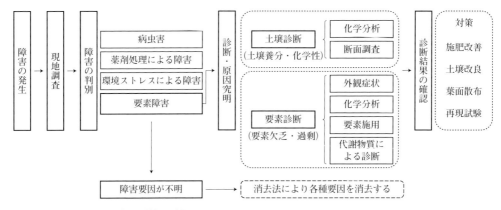

図14　障害の発生と調査・対策の手順

　作物に悪影響を与える要因は培地，病虫害，各種薬剤処理による障害（ホルモン剤，抗生物質，土壌消毒剤，除草剤など農薬による障害），栽培環境の劣悪化による障害（光，風，高温，低温，過乾，過湿，土壌還元，ガスなどによる障害）などが考慮される。各障害は相互に影響を及ぼしあっているため，一つの障害が他の障害を誘発し，障害が複数になる場合があるが，通常は単独で発生することが多い。また，それぞれ特徴のある障害症状を示す。要素障害は病気など他の障害と類似するケースが多いので，外観症状により診断する場合，診断は慎重に行なわねばならない。

　筆者は現地で発生する要素障害調査を中心に行なってきたが，実際には要素障害以外の障害にも遭遇することが多く，現地で発生した障害が要素障害であるのかどうかを見極めることが重要となる。これらの障害調査では図14に示した方法で障害要因の究明に当たっているが，具体的な手順は以下のとおりである。

①**障害の発生**

　障害が発生した場合，できるだけ早期に現地調査を行ない，障害の実態を把握することが肝要である。障害の発生から調査までの期間が長引くと，他の要因が加わり，障害特徴が判然としなくなる場合も起こりうる。

②**現地調査（障害の発生状況調査）**

　現地では障害発生状況の詳細な調査を実施し，診断が適確に行なえるよう情報を収集する。

　発生状況の調査　作物に障害が発生した生育ステージ，障害の発生履歴，発生場所の特異性，発生規模について調査する。つまり，障害が初めて発生したのか，恒常的に発生しているのか，あるいは毎作ごとに障害が強くなるのか，さらに障害発生場所に何らかの処理を行なったのかどうかなどの聴取調査を行なう。

　一般に要素障害ならば圃場全体，あるいは一部肥培管理の異なった場所や乾湿の異なる場所など特定の場所で発生しやすく，障害は恒常的あるいは毎作ごとに強くなる傾向を示す。また，重金属など障害物質の流入による障害発生の場合は，水口など障害物質の流入地点で障害が顕著となる。

　障害症状の観察　作物体に現われている障害発生部位や器官および障害症状の規則性について調査し，要素障害かどうかを確認することが大切である。図15に示すように，作物体内で移動しやすい要素（チッソ，リン，カリウム，マグネシウム）は下位葉から欠乏症状を発生するが，移動しにくい要素（カルシウム，鉄，マンガン，ホウ素など）は上位葉に欠乏症状が現われ，葉位順に規則正しく欠乏症状がみられる。

　過剰障害は下位葉から障害が出始めることが多いが，銅，亜鉛などの重金属が過剰になると先端葉に鉄欠乏症状を誘発しやすい。さらに，これらの要素障害を発現した1枚の葉では，葉を主葉

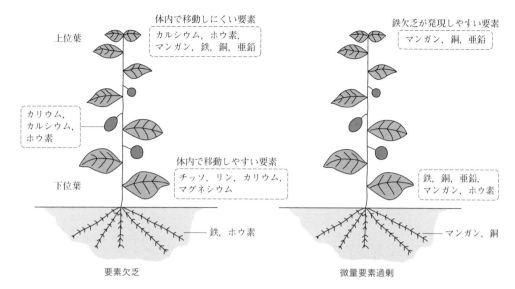

図15　要素障害の発現部位

脈で2分すると，その症状は対称形を示すことが多い（図16）。また，子実や根に障害特徴が認められ，カルシウムやホウ素の欠乏はとくに可食部に障害が現われやすい。ブドウではマンガンが欠乏すると着色障害果を発生する。根の障害特徴は鉄欠乏根では黄変しやすく，ホウ素欠乏根は側根の伸びが悪く，銅過剰根は太くて，短くなるとともに側根の伸びが悪くなり，麦類やトウモロコシのマンガン過剰根は黒褐色を呈する。

　一般に，要素障害であれば雑草などにも障害症状が確認されることが多いので，障害発生圃場に生育する作物や雑草などについても調査を行なうとよい。

肥培管理など栽培条件の整理　肥培管理法や除草剤など農薬の使用状況と障害の関連性について調査する。

　施肥関係では施用した肥料の施用量をチェックする。チッソ，リン，カリウム，マグネシウム欠乏はこれらの肥料の施用量が少ない場合に発生しやすい。また，チッソの多施用はカルシウム欠乏を誘発し，カリや苦土肥料の多施用は塩基間の拮抗

図16　要素障害葉の対称性
1枚の葉を主葉脈で2分するとその症状は対称形を示す場合が多い

が生じて，いずれかの要素欠乏が誘発されやすい。石灰質肥料の多施用は土壌のpHが上昇するので微量要素欠乏が発生しやすい。ホウ素資材の過用はホウ素過剰障害が発生しやすいことに留意する。

　気象条件の調査　ホウ素欠乏の発生は気象要因と関連が深く，降雨がなく長期間土壌の乾燥が続くと欠乏が発生しやすい。要素障害のほかに旱魃害のように気象要因により発生する障害も多く，気象と障害の関連についても検討を加える。また，リン酸は地温が低下すると吸収が抑制され，冬期にはリン酸欠乏が発生しやすくなる。カルシウム欠乏も土壌が乾燥すると発生しやすいことを考慮しなければならない。

③障害の判別

　②の現地調査の結果を総合的に判断し，要素障害か他の障害かの判別を行なう。障害要因が不明

◆ 210 — 障害の診断・調査法

の場合，各分野の専門家の協力を得て障害要因の検索に当たるが，諸条件を考慮し，各種障害要因を消去していく方法が適当であろう。

④診断（原因究明の実施・障害要因の判定）

当然のことであるが，要素診断手法は要素障害以外の障害に対しては何の意味もない。このため，要素障害であることを確認したあとに，各種診断手法を用いて診断を行なう。たとえば，外観症状による診断法で作物の障害要素を推定するか，化学分析法で成分含量を測定し，診断基準値と比較

表4　欠乏・過剰の発生しやすい土壌条件

条件／障害の種類	土壌条件		2. 可給態成分含量
	1. 土壌反応		
	酸　性	中性〜アルカリ性	
発生しやすい欠乏	カルシウム，マグネシウム，リン酸，ホウ素，（マンガン）	銅，亜鉛，鉄，マンガン，ホウ素	少量
発生しやすい過剰	銅，亜鉛，鉄，アルミニウム，マンガン，ホウ素	—	多量

注　（　）：例が少ないが発生することがある
　　1) チッソやカリは施用量が少ないと欠乏しやすく，多くなると過剰になりやすい
　　2) カリとマグネシウムは拮抗作用によって，いずれか一方が多存在すると他方が適量存在しても欠乏を示すことがある

し障害要素を明らかにする。あるいは複数の診断手法を用い診断を行なう。また，欠乏障害であれば推定される欠乏要素を施用したり，葉面に散布し，その効果の有無により診断を下す。もちろん並行して土壌診断を実施し，土壌の障害要因を究明することが大切である。当然，過去に発生した障害事例がある場合は，障害症状や分析値がこれらの事例と一致するかどうか検討することが必要である。

⑤診断結果の活用

各種手法により診断が完了すれば，その結果に基づき対策を講じなければならない，たとえば，作物が正常な生育をしているのであれば施肥設計は計画どおりの適量を施用するが，養分が不足あるいは欠乏している状態ならば不足養分を必要に応じて増施し，過剰の状態ならば施肥を中止するなどの対策が必要である。

欠乏障害の場合は応急対策として欠乏要素の葉面散布を行なう。葉面散布は欠乏発生の初期に行なえば効果が著しく，薬害のでない濃度で数回散布することにより，正常な状態に回復させることができる。しかし，葉面散布による対策法は欠乏が発生するたびに行なわねばならないので，根本的には土壌の改善が必要となる。

表4に掲げたように，土壌条件によって，欠乏や過剰の発生状況は異なるが，これらの改善対策は発生条件と逆の土壌状態に移行させることによって，障害を軽減除去できる。

土壌改善を行なうには，要素診断だけで改善対策を行なうのではなく，土壌診断を実施し，土壌の障害要因を明らかにしたあと，作物に適した改善対策を実施することが重要である。また，改善対策を実施する場合，改善目標を掲げ，目標達成後は好適な土壌状態を継続的に維持していくことが重要となる。これを怠ると，逆の条件下での障害を誘引することとなる。たとえば，酸性土壌の改良として極端に石灰資材を施用したり，連年施用を継続すると，好適な土壌状態を通過して土壌は中性〜アルカリ性に傾き，これに起因する障害が発生しやすくなる。

土壌は一度悪変すると復元するのに時間を要するため，改善対策は慎重に行なわねばならない。

⑥診断結果の確認

このようにして，作物あるいは土壌に対して障害要因の軽減除去対策を実施し，いずれの方法でも同一の障害に対して，常に障害を除去できれば，診断結果は正しいとみて差し支えない。また，土耕あるいは水耕栽培手法などを用いて障害要素の欠除処理あるいは過剰投与処理による再現試験を行ない，同様の障害症状を再現できる場合，診断結果は正しいと判断されよう。

なお，ポットなどを用いて水耕を行なう場合，通気法，液面低下法などが古くから用いられてい

るが，これらの方法は通気の調整が煩雑であったり，通気によるコンタミネーションの防止対策を図る必要や，培養液の更新を頻繁に実施するなど労力面・経費面で負担が大きいが，栽培事例は多い。

しかし，筆者の開発した静止液法は無通気栽培システムで，培養液の更新などは行なわず，また培養液が不足すれば培養液を追加すればよいという極めて簡便な手法で，多くの作物が栽培できる。通気法と無通気法（静止液法）の養分含有率での違いは，通気法ではカリウムの吸収が無通気法に比べて若干高くなる。また，培養液の更新回数が多いほどマンガン含有率が高くなる傾向を示すが，いずれの水耕法を利用しても作物生育に大きな問題はない。培養液の種類は各種存在するが，わが国では一般に園試処方の培養液が用いられている。培養液調

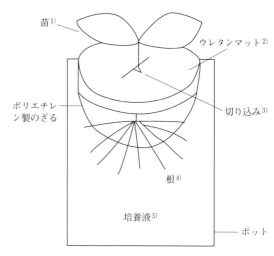

図17　静止液法の栽培方法の例
1) 苗：若すぎると枯死しやすいので注意する
2) ウレタンマット：厚さ1.8〜2cmの黒あるいは灰色のものを使用する
3) 切り込み：苗を挟み込むときに苗を圧迫しないもの
4) 根：根の傷んだ苗は定植すると生育が遅れるので注意
5) 培養液：定植時には湛水状態とする

製に利用する水は水道水や蒸留水などから，試験用途により選択する。微量要素の欠乏試験では主に蒸留水を用いる必要がある。また，培養液の調製は蒸留水で調整した原液を薄めて所定の濃度に作製することが望まれる。

実際に水耕栽培を行なうには栽培作物を選定して播種・育苗を行なうとともに，栽培に適した栽培容器，作物の支持体としてのポリエチレン製のざる，培養液の遮光と作物を挟み込むためのウレタンマットあるいは発泡スチロール板などの実験器材を準備する。さらに試験目的に合致する培養液を選定して，図17のようにして栽培を行なう。また，培養液に使用する試薬は特急試薬を用いる。使用する水は鉄やホウ素の欠乏試験あるいは過剰投与試験では水道水を用いてもこれらの欠乏・過剰症状を発現させることができるが，その他の微量要素では定植時から蒸留水を使用しないと作物に欠乏症状を発現させることは難しい。葉菜類などの栽培では1/5,000aの栽培容器で十分であるが，作物の種類によってはより大きな容器が必要な場合もある。

3. 要素障害の発生要因とその対策

作物の栽培は土耕栽培が中心であるが，一部では養液栽培も行なわれている。それらの要素障害の発生要因と対策について図18に示した。

(1) 土耕栽培での要素障害発生要因とその対策
①要素障害の発生要因

要素欠乏が発生する要因は土壌母材に由来する土壌養分の潜在的不足，養分の流亡しやすい地形・土壌などの自然条件に加え，人為的には肥培管理が固定化，粗放化し，作物生育の場である土壌環境が劣悪化することにある。さらに，ホウ素欠乏やカルシウム欠乏は気候との関連がみられ，乾燥が続くと発生しやすくなる。一方，過剰障害は蛇紋岩地帯のようにニッケルを多量に含むなど

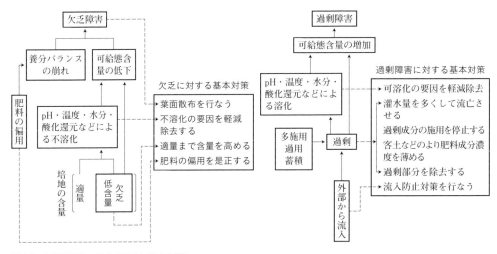

図18 要素障害の発生要因と基本対策

の特殊な土壌条件下や，多量の物質が畑や水田に流入あるいは飛散した場合にも発生しやすい。また，肥料の多施用や肥料成分の蓄積など不適切な肥培管理により発生する。

②土耕栽培で発生しやすい要素障害

要素障害の発生規模はさまざまであるが，各種作物にさまざまな要素障害が発生している。これらの詳細については別途作物の要素障害診断法の項目で述べているが，不適な環境条件や不適切な肥培管理により土壌養分の不足をきたしたり過剰になって要素障害が発生している場合が多い。

③障害の軽減除去対策

土壌養分はpH，Eh，温度，水分などにより養分が可溶化したり不溶化あるいは難溶化したりする。たとえば，マンガンはpHが中性〜アルカリ性に傾くと不溶化し，酸性に傾くと可溶化する。また，酸化状態下では難溶化し還元状態下では可溶化しやすい。

さらに，水分状態により可給態マンガンに変化がみられる。また，リン酸は温度が低下すると土壌のリン酸供給力が低下する。このように土壌の化学性や温度条件あるいは土壌養分の豊否が要素障害の発生に関係する。したがって，要素欠乏・過剰の基本的改善対策はこれらの土壌の障害要因の軽減除去であり，直接的な作物体の治療である。

欠乏障害に対する基本対策は，応急的には作物体への欠乏要素の葉面散布による治療，さらに，土壌の不溶化要因の除去（たとえばアルカリ性が不溶化の原因ならば，これを酸性側に移行させる処置を講じる），施肥により養分含量を適量まで高めること，肥料の偏用の是正などの実施である。

過剰障害に対する基本対策は欠乏障害と逆に可溶化要因を除去して過剰養分の不溶化を図るか，あるいは灌水量を多くして養分の流亡を図る，または過剰部分の除去や客土により根域を変える，天地返しにより養分濃度を薄めるなどの実施である。

(2)養液栽培での要素障害発生要因とその対策

①要素障害の発生要因

養液栽培は土壌を用いずに，養分を一定の割合に調製した培養液を使用して作物を栽培する手法であり，水耕，噴霧耕などの非固形培地耕とロックウール耕，礫耕，砂耕などの固形培地耕に大別される。養液栽培に使用される培養液は各種考案されているが，わが国では園試処方による培養液が基本となり，広く使用されている。また，作物は培養液中の養分を吸収して生育するので，液中

の養分に過不足を生じると生育が劣るのみならず，作物に過不足養分特有の障害症状が発生し，要素障害が発現する。

このため，養液栽培では培養液の調製および管理に注意する必要がある。とくに培養液の調製時における肥料の施用量の過不足，pH変動による養分の沈澱，作物の養水分吸収に伴う培養液中の特定養分の不足あるいは残存，固形培地の培養液成分の吸着あるいは固形培地成分の培養液への溶出，固形培地上での養分の濃縮による過剰などにより要素障害が発生しやすい。

このほか，培養液のEC濃度や塩基バランスの不均衡，あるいはチッソ濃度の上昇はカルシウム欠乏が発生しやすくなる。また，培養液温度も養分吸収に影響を及ぼす。たとえば培養液温度が低温になるとリン酸の吸収が抑制され，逆に高温になるとカルシウムの吸収が抑制される。

②養液栽培で発生しやすい要素障害

養液栽培で発生する要素障害は微量要素欠乏障害の発生が多く，培養液の調製時に微量要素の施用が行なわれなかったり，補給が十分に行なわれずに発生する場合が多い。通常，微量要素の補給には鉄やホウ素は加えられるが，これ以外の微量要素であるマンガン，銅，亜鉛，モリブデンの施用を省略して栽培されることが多い。これは鉄やホウ素の欠乏が発生しやすいのに比較して，他の微量要素の欠乏が発生しにくいからである。

事実，筆者も水耕栽培で微量要素欠乏の診断資料を作成するのに，マンガン，亜鉛，銅についてはこれらの要素を含まない蒸留水を用いて，それぞれの欠除栽培を行なうが，なかなか欠乏症状が発現しにくい。使用する水に必要な量の微量要素が含まれていれば，培養液の調製時にあえて微量要素を使用する必要はないが，健全な作物育成および要素障害の発生防止を考慮して，各種微量要素を所定量加えておくことが安全であろう。とくに，飲料用の水道水を使用する場合はほとんど微量要素が含まれていないので，鉄やホウ素はもちろんマンガン，銅，亜鉛，モリブデンの施用が必要となる。また，培養液のpHが上昇してアルカリ性側に傾くと，鉄，マンガン，リン酸などが沈澱を生じ，難溶化するため，培養液のpH管理に注意しなければならない。鉄剤については近年，溶存率の安定しているキレート鉄が使用されるようになったため，従来に比べ鉄欠乏の発生頻度は低下したように思われるが，それでも水耕栽培では鉄欠乏の発生が多い。キレート鉄のpH変動に対する溶存率は安定しているが，鉄含量の絶対量の不足は欠乏の発生を助長する。筆者が開発した静止液法による簡易水耕栽培法を用いて，培養液の通常鉄濃度レベルを1（3ppm）とし，その1/2，1/4，1/8，1/16，1/32，0の濃度設定でホウレンソウを栽培して，鉄欠乏の発現レベルを検討した結果，培養液の濃度が1/16（約0.2ppm）以下になると明らかに鉄欠乏症状が認められた。また，収量は鉄濃度が低下するほど減少する傾向を示した。このことから，培養液中の鉄濃度は所定の濃度に保つ必要があると考えられる。したがって，循環方式の栽培では定期的に鉄剤の補給を行ない，鉄不足とならないように心がける必要があろう。

一方，過剰障害の発生は少ないと思われる。また，過剰害が発生する場合は施用量の計算間違いによることが多い。このため，培養液の調製にあたっては施用量に注意しなければならない。とくに，ホウ素は適量域が狭いので，施用にあたっては細心の注意が必要である。

③障害の軽減除去対策

これらの要素障害の基本的な対策は培養液の更新であるが，養分が不足している場合は不足養分を補給し，過剰の場合は水を加えて薄め，いずれも適正な養分濃度になるよう調製する必要がある。

要素障害を助長する要因は種々あるが，適正な管理を行なうことによって，障害の発生は防止できよう。

◆ 214 — 障害の診断・調査法

表5　要素欠乏・過剰の障害の特徴と土壌の養分状態

要　素	主な欠乏症状	土壌の状態	主な過剰症状	土壌の状態
チッソ	古い葉から黄化し始める。全体に生育が悪くなる。葉は全体に緑色がぬけ，黄緑色から淡黄色を呈する	チッソが不足している	葉は暗緑色となり過繁茂の状態となり，軟弱となる。葉は小型化する。カルシウム欠乏症が発生する場合もある	
リ　ン	全体に生育が悪くなる。葉は窒素欠乏と同様に黄化する場合が多い。下葉から症状が現われる	酸性が強い。可給態リン酸が不足している	リンそのものの過剰障害例はほとんどみられないが，リンの多量吸収により鉄や亜鉛などの微量要素欠乏が誘発されやすい	
カリウム	古葉に現われやすい。先端より黄化し葉縁に広がる。また，葉脈間が黄化したり，斑点状のネクロシスを生じることもある	交換性カリが不足している。苦土が多量にある。塩基バランスが不適	カルシウムあるいはマグネシウム欠乏が誘発されやすい	
カルシウム	新葉の生育が阻害される。根の発育が悪くなる。果実は尻腐れを生じやすい	酸性土壌で発生しやすい。石灰が不足している。窒素が過剰にある。塩基バランスが不適。土壌の乾燥が続いた場合	カルシウムあるいはマグネシウム欠乏が誘発されやすい	
マグネシウム	下葉の葉脈間が黄化し，順次上位に及ぶ。先端部の緑色が淡くなる。落葉しやすい	酸性土壌。交換性苦土が不足している。カリを施用しすぎると発生しやすい。塩基バランスが不適	カルシウムあるいはマグネシウム欠乏が誘発されやすい	
イオウ	水稲では下葉，野菜では新葉の葉色が淡緑化する	有効態イオウが不足している	SO₂ガスによる障害では中位葉に，急性では葉縁や葉脈間に白・褐色・赤褐色の斑点状のネクロシス，慢性ではクロロシスを生じる	可給態成分が過剰である
鉄	新葉から黄白化する。葉脈の緑色を残し全体に緑色がぬけるので，美しい網目模様を呈する。白っぽくみえる。下葉には発生しない	土壌反応が中性～アルカリ性に傾いたとき。鉄が不足した場合	水稲，ピーマン，エダマメでは葉に褐色の斑点を生じる。ユリでは下位葉の葉先や葉縁，葉脈間が筋状に茶褐色～黒変する	
マンガン	中上位の成葉にでやすい。葉脈間が淡緑色となり葉脈にそって緑色が残る。あるいは葉の緑色が淡くなり，白，黄，褐色などの斑点を生じる	土壌反応が中性～アルカリ性に傾いたとき。交換性マンガンなどが不足した場合	下葉から葉脈がチョコレート色に変色あるいは葉縁より黄化する。先端部に鉄欠乏症がみられることがある。根がチョコレート色に変色しやすい	
銅	上位葉の葉脈間に小斑点状のクロロシスが発生気味で，上位葉は垂れ下がり，先端葉はカッピング症状を示す場合がある	可給態銅含量の不足。土壌反応が中性～アルカリ性に傾いている。腐植含量が高い	生育が阻害され，鉄欠乏症状を発生する場合が多い	
亜　鉛	葉色が淡緑化する。アントシアン色素が発現する場合がある	可給態亜鉛含量の不足。土壌反応が中性～アルカリ性に傾いている。腐植含量が高い	生育が阻害され，鉄欠乏症状を発生する場合が多い	
ホウ素	新葉や生長点の生育が阻害される。茎葉は硬くもろくなるので折れやすい。茎部に亀裂を生じやすい。果実に障害がでやすい。根の発育が悪くなる	可給態含量が不足している。長時間乾燥が続いた場合。土壌反応が中性～アルカリ性に傾いた場合	下葉から葉縁が黄化し葉が外側に巻く。あるいは葉脈間に褐色の斑点を発生し，著しく生育が衰える	
モリブデン	ホウレンソウでは若い葉の葉縁部から白変枯死が進み，心葉付近の葉は表面に白いカビが生えたような状態を示すとともに萎びたような症状を示す。トマトでは中上位葉の葉脈間が淡緑化し，そこに白～淡褐色の斑点症が生じる。ナスでは中上位葉の葉脈間に白色の斑点症状が発生する	可給態含量が不足している。土壌反応が酸性に傾いている	ホウレンソウでは下葉の葉脈から葉脈間が黄変し，葉柄が赤紫色を呈する。トマトでは先端葉の生育が悪くなり，葉が小型化するとともに，全体の葉が鮮やかに黄変する。ナスでは下葉より黄化が進む	可給態含量が過剰。土壌反応が中性～アルカリ性

4. 作物は土壌養分のバイオセンサー

作物の要素診断技術は作物の無機栄養状態を診断するものであるが，この診断結果を土壌と作物の養分吸収関係あるいは肥培管理面から考慮すれば，間接的に土壌の養分状態を推察することは可能である。たとえば，表5に作物の一般的な要素欠乏・過剰の障害特徴と土壌の養分状態の関係を示したが，作物体にマンガンが欠乏していれば，土壌診断を行なわなくても，土壌のpHが中性以上のとき，マンガンの吸収が抑制されている，あるいは土壌中のマンガン含量の絶対量が欠乏しているなどのいずれかが考えられる。さらに肥培管理面から石灰などの施用量を考慮すればその原因を推察することができる。

もちろん，正確に土壌の養分状態を知るためには土壌診断を行なう必要があるが，前述のようにしても，土壌養分の推察は可能である。現状では作物が適正に育成できている養分状態なのかあるいは欠乏・過剰状態なのかのマクロレベルの判断しかできない。しかし，作物の欠乏・過剰の状態が圃場内でどの程度の頻度で発生しているのか，つまり圃場全体に障害が発生しているのか，まばらに障害が発生しているのか，さらに障害症状の現われ方の強弱の程度を把握すれば，土壌の養分欠乏・過剰のレベルがより適確に理解できよう。今後，作物の栄養状態と土壌養分関係の詳細が明らかにされれば，定量的に土壌養分の推察が可能となるだろう。

また，現状の要素診断法のなかで最も簡単に土壌養分を推定する方法は作物の外観症状による診断法の活用である。これは，作物を土壌養分のバイオセンサーとみなし，作物に現われる要素欠乏・過剰症状を土壌養分のバイオシグナルとして捉えるものであり，前述のようにマクロに土壌養分を理解することができる。このため，作物の要素障害特徴を理解し，また本書に掲げた口絵写真による症例および，要素障害の特徴に関する事項を有効に利用して，土壌管理への適用を試みられたい。とくに，生産活動の担い手である農家レベルでの活用を期待する。

5. 要素障害と紛らわしい障害

実際の作物栽培においては要素障害のほか，病虫害，薬剤処理の失敗による障害，栽培環境の劣悪化による障害が発生しやすいことを述べたが，これらの障害のなかには要素障害に類似する症状を示す場合があり，診断にあたっては注意を要する。とくに，ウイルス病や除草剤による障害は要素障害の症状に類似するものが多い。

たとえば，セルリーの茎部に黄色〜褐色の斑点あるいは褐色の条が入り，葉にはモザイク症状や黄化症状が発生し，商品価値がなくなり大きな損失を与えたことがあるが（図19），現地では茎部に障害が発生していることからホウ素欠乏と考えられ，ホウ素資材の施用が行なわれていた。しかし，症状は消失せず，その原因の解明が望まれた。そこで，土壌肥料および病虫害サイドからこの問題に取り組んだ。この結果，障害は品種別では'コーネル619'に多発し，'グリーン'にはほとんど発生せず，品種間に差異がみられた。また，障害の発生やその程度は連作年数と関連がなく，年次変動が大きかった。さらに，障害発生圃場内では障害発生株と健全株が混在あるいは隣接して生育し，これらの養分間に差異がみられないこと，また，障害株からCMV（キュウリモザイクウイルス）が検出され，他のウイルスが検出されなかったことからCMVによる障害と考えられた。そうして，分離されたCMVの再接種試験の結果，現地で発生した症状を再現でき，CMVによるものであることが判明したが，要素障害と間違えられやすい症状であった。発生防止対策として，CMV

図19　CMVにより発現したセルリー茎部の症状　　図20　セルリーの茎部に現われるホウ素欠乏症状

はアブラムシにより容易に伝搬することから，アブラムシの飛来防止対策，CMV伝染源の除去対策がとられた。なお，ホウ素欠乏症状は図20に示したとおりであるが，当時はホウ素欠乏に関する診断資料が整理されていなかったため，病気とは気づかずにホウ素欠乏対策を行なったことで，診断資料の必要性を再認識した事例であった。

　除草剤による障害は多くの場合被害が著しい。土壌処理型除草剤による障害では葉脈が緑色を失い，黄白化しやすいので要素過剰症状と紛らわしいが，処理後一定期間内に展葉した部位に認められることが多い。

　葉面散布による薬害は散布濃度が高い場合はもちろんであるが，作物の生育ステージを無視した散布，高温下における散布，不適合な薬剤の混合散布，薬剤の近接散布など散布条件が悪いと発生しやすい。

　一般に除草剤や葉面散布による障害は処理を受けた箇所あるいは部位に発生するので，聞き取り調査により判断できる。通常，一時的な障害であるため，以後誤った薬剤処理を行なわなければ障

図21　キャベツの低温障害症状　　図22　シロナの低温障害症状

害は発生しなくなる。

　作物は低温障害により葉が奇形化し，要素障害に類似することがある。図21，22にはキャベツとシロナの低温障害の例を掲げたが，現地ではモリブデン欠乏ではないかということで持ち込まれた。しかし，障害が発生した時期はまれにみる厳寒でしかもポリエチレン製フィルムを使用したトンネル栽培で発生し，一部の作物に凍結した症状が観察されたこと，さらに気温の上昇とともに生育が良好になったこと，モリブデン欠乏は酸性土壌で発生するが土壌反応が中性に傾いていたこと，また，過去に障害の発生事例がなく，現地土壌を用いてポット栽培試験を別の時期に実施したが，障害の発生は全く認められず正常に生育したこと，現地ではこの時期以降の発生は認められていないことから，低温障害と判断された。

　このほか，ガスによる障害も要素障害と紛らわしいものが多いので，注意が必要である。

　以上のように，要素障害以外の障害はどちらかといえば一過性であることが多く，障害の程度は比較的厳しい。要素障害の場合は気象との関連を除けば，障害が年々強くなるか，あるいは別の作物にも発生するなどの特徴がみられるので，原因が判然としない場合は長期にわたる監視体制をとり原因の究明に当たることも必要であろう。

現地での発生の特徴

1. 普通作物

①水　稲

　水稲は多量の水で栽培され，水に含まれる養分の一部は水稲に利用される。このため，要素欠乏障害の発生は少ない。しかし，水田の一部には鉄やケイ酸が不足している場合が認められるので，これらの不足に注意する必要がある。また，灌漑水中に多量の養分を含むと過剰吸収し，水稲に被害が及ぶ。とくに，チッソの過剰吸収は稲が倒伏しやすい。銅や亜鉛などの重金属が水田に流入しても，水稲に直接被害を与えるケースは少ないが，裏作の畑作物に過剰害が発生する事例が比較的多く認められる(図23)。

図23　水田裏作のタマネギに発生した亜鉛過剰障害の状況

　水稲が野菜に比べこれらの重金属の過剰障害を受けにくいのは，水田状態下では還元状態が維持されているため，流入した重金属が不溶化し，水稲に吸収されにくいからである。しかし，マンガンあるいはヒ素のように還元状態下で活性化しやすいものは，土壌中に多量に存在すると逆に水稲の過剰吸収を招くことになる。また，重金属は図24の亜鉛の例で示すように，一般には水田の水口に多量に集積するので，水口部での作物被害が顕著になる。さらに，垂直分布では水口部の0～10cmに多量に集積するが，これ以下では急激に含量が減少する。一方，ホウ素や臭素などの陰イオンは土壌に吸着されにくいので，流亡もしやすいが，容易に吸収されるため，過剰害が発生しやすい。

　また，カドミウムのように直接作物に被害をもたらさなかったが，可食部である玄米の汚染を引き起こした例もある。

　マンガン過剰障害　マンガン含量の高い地点では広域にわたりマンガンの過剰吸収による悪影響を受けることがある。寺島は，作土100g中に易還元性マンガン30mg以上含有する水田では，分げつ期には根は伸長を停止し，肥大し，次に分岐根を発生して，有刺鉄線状の根となり，根腐れを始めるとしている。また，このために，養水分の吸収が弱まり，分げつが遅れ，初期生育が悪くなる。

　このほか，マンガン鉱滓を利用して埋め立てを行なったところ，その溶出物が水田に流入し，水稲の生育，収量に障害を与えた。マンガン鉱滓の溶出物が流入したと考えられる地

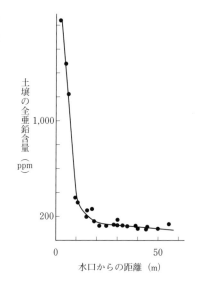

図24　亜鉛汚染における水口からの距離と土壌の全亜鉛含量の関係

点では，図25に示すように水稲が枯死または辛うじて生育する程度で，ここを中心に扇状形に被害が広がり，遠ざかるに従って生育は次第に良好となった。土壌および作物体の分析結果では，被害の激しいところで易還元性マンガンが乾土100g中に168mgと多量に含まれるとともに，稲わらにも0.53％と多量のマンガンが含まれていた。

臭素過剰障害 苗代期や田植え直後に臭素を含む工場排水が水田に流入し，工場に隣接する水田で顕著な生育障害が発生するとともに，同水系下の他の水田で水稲の下葉が黄褐色を呈し，褐色の斑点を生じる被害が発生した。これらの水稲からは，いずれも多量の臭素が検出されたが，直ちに臭素の流入防止対策が講じられたため，その後水稲の生育は回復した。

図25 マンガンの流入による水稲の被害状況

塩酸流入による障害 水田に多量の塩酸が流入し，障害が発生した（図26）。障害の著しく激しい地点では，一夜のうちに水稲が枯死寸前となった。約1週間後には被害田11

図26 塩酸流入による水稲の被害状況

筆のうち，障害の激しい1筆の一部で水稲が枯死したが，他の水田では水稲の下葉が枯れた状況で，その後生育は回復した。被害発生直後の障害の激しい地点の土壌は，pHが2.3〜3.6と極めて酸性が強く，塩素含量が著しく高い状態であった。

ホウ素過剰障害 ホウ素を含む排水が水田に流入し，水稲の葉先が枯れる障害が発生した。土壌中の水溶性ホウ素は障害の強い地点では238ppm，葉先枯れの少ない地点でも32ppmも含まれていた。

要素障害と紛らわしい症例 いもち病あるいはごま葉枯病はカリウム欠乏症状と同様の斑点を葉に発生しやすいので，注意が必要である。

2. 畑作物

①小麦，大麦

土壌のpHが上昇すると鉄やマンガン欠乏が発生しやすい。また，わが国において銅欠乏に関する知見は少ないが，岩手県をはじめ，宮城県や北海道における酸性腐植質土壌では銅欠乏地帯が認められており，麦に銅欠乏が発生した事例がある。過剰障害は銅や亜鉛などの鉱山地帯での発生がみられる。

マグネシウム欠乏障害 五島らは，小麦を栽培中下位葉の葉脈間に斑点状にクロロフィルがぬけ，漸次これが拡大し連なり，数珠玉状になり，下位葉から上方へ拡大していくことを観察し，これに検討を加え，本症状がマグネシウム欠乏で，土壌中の苦土が10mg以下で欠乏が発生すると報告している。

マンガン欠乏障害　土壌のpHが上昇し，pHが6あるいは6.5以上になると，マンガン欠乏が発生しやすい。また，土壌の易還元性マンガンが60～100ppm以下，あるいは交換性マンガンが3ppm以下では欠乏障害が発生しやすい。

銅欠乏障害　岩手県の酸性腐植質黒ボク土（火山灰土壌）で小麦が不稔となり収穫が皆無となったが，岩手農試の調査で電話電線下のみ生育は良好であったことから，銅と小麦の不稔の関係について検討された。この結果，銅欠乏であることが判明し，土壌の0.1N塩酸可溶性銅が0.2ppm以下になると欠乏が発生しやすくなるとしている。また，水野らは北海道の小麦の不稔について調査し，不稔症状を呈する圃場では土壌中の0.1N塩酸可溶性銅が0.2ppm以下で，小麦茎葉中銅濃度が2ppm以下であったが，1ppm以下でも不稔とならないものがみられた。しかし，銅/鉄比をとってみると0.008～0.01以下で不稔になることが示され，銅と鉄の体内養分比も不稔にかかわることが明らかとなった。さらに，品種により銅欠乏に対する抵抗性の違いが認められている。

②トウモロコシ

亜鉛欠乏は通常の畑作物では発生しにくいが，トウモロコシでその発生が認められている。

亜鉛欠乏障害　岩手農試のトウモロコシの亜鉛欠乏に関する調査結果では，その欠乏症状は3葉期ごろから葉の中位から黄白色となり，生育が進むとともに白色化し，葉中亜鉛濃度が10ppm前後で症状が明瞭に出ていること，土壌の亜鉛濃度が0.1N塩酸可溶性亜鉛で1ppm以下になると亜鉛欠乏の発生頻度が高くなると報告している。

また，飯塚は，青刈りトウモロコシの生育障害について検討し，不良株は健全株に比べ亜鉛濃度が低い傾向にあるが，亜鉛/鉄濃度比を指標にすればこの比が小さいほど障害の程度が大きいことを認め，作物体内での要素比が診断指標に重要であることを指摘している。

3. 野　菜

(1)果菜類

①トマト

露地栽培ではマグネシウム欠乏が発生しやすい。また，ハウス栽培土壌は石灰が集積している場合が多く，土壌反応が中性～アルカリ性に傾き鉄やマンガン欠乏が発生しやすい。このほか，乾燥が強いとカルシウムやホウ素欠乏の発生する頻度が高くなる。

養液栽培では培養液の調製時に微量要素を加えずに調製したため，微量要素欠乏が発生するケースが多く，鉄，マンガン，亜鉛，ホウ素の各欠乏の発生が認められている。

マグネシウム欠乏障害　杉山らは山梨県で野菜のマグネシウム欠乏について調査し，交換性苦土が10mg以下でマグネシウム欠乏が発生しやすく，トマトでは葉中濃度が0.1％以下で欠乏症状の甚だしいものが多く，0.3％前後以上のものは症状が比較的軽微で，健全なものは0.48％あったと報告している。

鉄欠乏障害　鉄欠乏症はマンガン欠乏症と同様に土壌のpHがアルカリ性に傾くと発生しやすい。筆者の調査では，鉄欠乏症が発生したハウスの土壌はpH8.1に上昇し，上位葉は葉脈の緑色を残し，葉脈間が淡緑化しマンガン欠乏症に類似したが，鉄溶液の葉面散布により障害は著しく軽減した。

マンガン欠乏障害　水耕栽培でマンガン欠乏が発生し，中上位葉の葉脈間が黄変した。このとき葉中マンガン濃度は10ppmを示し，著しくマンガン含量が低下した。

亜鉛欠乏障害　亜鉛欠乏は通常では発生しにくいが，ロックウール栽培では，培養液に亜鉛を加えずに栽培したため亜鉛欠乏が発生した。欠乏障害は上位葉に現われ，葉柄基部付近は淡緑化し，

図27 ロックウール耕で発生した
トマトの亜鉛欠乏症状

図28 薬害を受けた葉（左2枚）と健全葉（右）

葉脈にアントシアン色素の発現がみられたり，葉脈に沿って褐色の枯死斑点が生じている場合が観察された（図27）。葉中亜鉛含量は7ppmに低下していたが，硫酸亜鉛の葉面散布により草勢を取り戻した。

ホウ素欠乏障害　水耕栽培で培養液にホウ素剤を加えずに栽培したため，果実に障害が発生した。果皮にはかさぶたのような傷あるいはツメで引っ掻いたような傷が無数に発生し，商品価値を著しく損なった。葉中濃度は中上位葉が18ppmに低下していた。

要素障害と紛らわしい症例　要素障害で果実に障害を発生するのは，カルシウム欠乏やホウ素欠乏であるが，ウイルス病により，果実の内部に障害を受けることがある。多くの場合，ウイルス病は葉が萎縮したりモザイク症状を呈するので要素障害葉とは判別できるが，TMV（トマトモザイクウイルス）に感染すると葉にはカルシウム欠乏症状と類似の症状が発現し，紛らわしい。また，殺菌剤の薬害（図28）により葉縁が黄変し，要素欠乏の症状に類似することもあるので注意を要する。

②ナ　ス

露地栽培ではマグネシウム欠乏の発生頻度が高い。ハウス栽培ではカリウム，マグネシウム，鉄，マンガンの欠乏障害およびホウ素の過剰障害など各種要素障害の発生がみられる。また，養液栽培ではマグネシウムや亜鉛欠乏障害，ホウ素の過剰障害が発生している。

カリウム欠乏やマグネシウム欠乏は土壌の養分含量あるいは塩基バランスが悪く，苦土とカリの拮抗により一方の要素の欠乏が助長され欠乏が発生する場合がある。このため，施肥のバランスを考慮しなければならない。一方，ホウ素の過剰害はホウ素資材の多施用に原因することが多い。ホウ素の土壌中での適量域は狭いのでホウ素資材の施用にあたっては注意する必要がある。

カリウム，マグネシウム欠乏障害　カリウム，マグネシウムの欠乏障害はこれらの施用量が少なく，量的に不足して，欠乏が発生するケースが多かったが，土壌中での塩基バランスが悪く，要素間の拮抗によりいずれかの養分吸収を抑制し，欠乏を助長している場合も認められた。

カリウム欠乏は土壌の交換性カリが7mgと低い状況下で発生し，葉中含量は0.55％に低下した。一方，マグネシウム欠乏は交換性苦土が14mg以下で発生し，葉中マグネシウムは0.03％以下であ

図30 ロックウール耕で発生したナスの亜鉛欠乏葉

図29 ナスのマンガン欠乏葉

った。また，杉山らはナスの葉中マグネシウムが0.1％以下の場合は症状が甚～中，0.24％以上では症状が軽微あるいは認められなかったと報告している。

マンガン欠乏障害 土壌のpHが上昇して中性～アルカリ性に傾くとマンガンは不溶化するので，これらの欠乏が発生しやすい。土壌のpHが7以上，交換性マンガンが0.6ppmで，欠乏が発生している（図29）。また，葉中マンガン濃度は通常100ppm程度あるが，欠乏葉は13ppmと著しく低い値を示した。

亜鉛欠乏障害 ロックウール栽培（図30）では亜鉛の補給が十分でないと欠乏が発生しやすい。欠乏葉の亜鉛濃度は8ppmで，茎葉は硬くなり，先端葉は奇形化した。

図31 除草剤が付着して果皮が障害を受けたナスの果実

マンガン過剰障害 中路は，ナスの育苗時に下位葉の葉脈間に沿って茶紫色の斑点が増加するとともに，最下葉の葉脈間が茶褐色となる生理障害について調査し，これがマンガン過剰に起因していることを示した。このとき，葉中マンガンは正常なものが70ppm，障害を受けたものが4,480ppmあり，土壌のpHは4.2と著しく低かったと報告している。

ホウ素過剰障害 ホウ素資材を多用したためホウ素の過剰害が発生し，下位葉の葉脈間に褐色の小斑点が多数生じた。このとき，土壌の水溶性ホウ素が2.4ppm以上で障害が発現し，障害葉のホウ素濃度は200ppm以上を示した。また，ロックウール耕でも同様の障害が発生し，葉中ホウ素濃度は200ppm以上を示した。

要素障害と紛らわしい症例 カリウム，カルシウム，ホウ素の欠乏が激しいと果実に障害を与えるが，現場では要素障害以外の原因で果実に障害が発生することがある。図31は除草剤が果皮に付着したため果皮障害が発生した例であるが，カリウム欠乏やホウ素欠乏などと見誤ることもあるので注意を要する。

③キュウリ

ハウス栽培では一般に多肥栽培になりがちであり，土壌はチッソの過剰あるいは石灰やリン酸の集積，塩基類のアンバランスを生じやすい。このため，各種要素障害が発生している。

カルシウム欠乏障害 ハウス栽培では一般にチッソの施用量が多くなりがちで，しかも高温期の

夏にハウスの両サイドを開いて栽培しても高温は避けられない。このようなチッソの過剰条件や高温条件が重なり、カルシウム欠乏が発生した。このときのキュウリの葉中カルシウム濃度は0.86％であった。

マンガン欠乏障害 ハウス栽培で、生育初期のキュウリの中位葉の葉脈間が黄緑色を呈し、甚だしい場合は葉脈だけを残して葉全体が黄変する障害が発生した。辰巳らは、調査の結果、本障害はマンガン欠乏であることを明らかにした。このとき、欠乏葉のマンガンは20ppm以下に低下していた。また、土壌のpHは中性となり、交換性マンガンが減少したことに原因して本欠乏障害が発生した。さらに、マンガン欠乏症状は0.2％硫酸マンガンの葉面散布によって消失した。

ホウ素欠乏障害 水耕栽培でホウ素を施用しないで栽培中、果実の表皮に障害が発生した。このときの葉中ホウ素含量は18ppmであった。

マンガン過剰障害 島根県でキュウリの下位葉の葉脈がチョコレート色になり、次第に上位葉へと広がったり、毛茸部分がチョコレート色に変色していた。対照葉のマンガン葉中濃度が374ppmに対し障害葉の葉中マンガン濃度は3,050ppmであった。このときの障害株元のpHは5.7、水溶性マンガンは10.6ppm、易還元性マンガンは31.7ppmを示したが、対照株元はpHは6.3、水溶性マンガンは0ppm、易還元性マンガンは23.5ppmであった。

要素障害と紛らわしい症例 縁枯細菌病は葉縁が枯れ、その症状はカリウム欠乏症状に類似する。また、斑点性細菌病の初期病徴は、マンガン欠乏症状に似ており、間違えやすいが、障害発生部位は下葉に多い（図32）。マンガン欠乏では中上位葉に発生することを考慮すれば、両者は区別できる。

図32 斑点細菌病の初期病徴

④スイカ

欠乏障害ではマグネシウム欠乏あるいはマンガン欠乏が発生しやすい。過剰障害ではマンガンの過剰障害の発生が認められている。

マグネシウム欠乏障害 熊本県で一番果が肥大し、成熟期に達する5月中旬ごろ、果実が着生している付近の葉の葉脈間が黄化し暗褐色の斑紋が形成され、やがて壊死状態となる葉枯れ症が発生した。熊本農試の調査の結果では、葉枯れ株は健全株に比べマグネシウムが著しく低下しており、マグネシウム欠乏と推察された。また、葉枯れを発生した土壌は苦土が少なく、石灰やカリ含量が異常に高いため、マグネシウムの吸収が抑制されたものと判断された。

マンガン欠乏障害 葉脈間が黄変する障害が発生したが、外観症状による要素診断資料のマンガン欠乏の症状に類似した。葉分析の結果、他の要素はとくに問題はなかったが、マンガン濃度が9ppmと著しく低く、欠乏レベルにあったため、マンガン欠乏と判断された。

マンガン過剰障害 熊本県の開田地において、定植後20日ごろから下位葉の毛茸基部が褐変し、褐色斑が葉身および葉脈に広がり、茎にも褐色の条斑が現われる障害が発生した。熊本農試が調査した結果、障害の程度と葉中成分の関係ではマンガンが最もよく結び付き、障害の著しいものはマンガン濃度が4,100ppmもあり、マンガン過剰障害であることが判明した。また、過剰症状が発現する茎葉中のマンガン濃度は1,000ppm前後にあると推定している。

⑤メロン

要素欠乏ではマグネシウム欠乏が発生しやすい。また、要素過剰ではマンガン過剰障害の発生が

認められている。

マグネシウム欠乏障害 島根県のハウスメロン栽培では半促成栽培1本仕立て2果どり株に着果後30日ごろから収穫直前に上位葉から下位葉に向かって葉枯れ症が発生し、早い場合は2日おそくても1週間以内に着果節位より上の葉はほとんどが枯れてしまう。このため、果実の肥大が悪くなったり、落下したりする障害が発生した。藤井らは、調査の結果、これがマグネシウム欠乏であることを示し、マグネシウム欠乏の発現レベルは0.2％付近にあると推察している。

マンガン過剰障害 静岡県の温室メロン栽培で連作した土壌を蒸気消毒したところ、メロンの下位葉に褐色の小斑点が生じ、漸次上位葉に進展する障害が発生した。静岡農試が調査した結果、これは蒸気消毒により交換性マンガン（MnO）が4mg以上と著しく上昇し、マンガンを過剰に吸収したために発生した障害であることが明らかとなった。ちなみに上位葉の葉中マンガン濃度はMnO（酸化マンガン）で2,000ppm以上を示した。

⑥イチゴ

要素障害と紛らわしい症例 アザミウマによる害（図33）は葉脈部が茶褐色となるので、亜鉛過剰と紛らわしい。

⑦エダマメ（ダイズ）

要素欠乏ではカリウム欠乏障害が認められている。また、過剰障害では臭素による障害例がある。これは、水田に臭素を多量に含む用水が流入し、あぜでつくっていたエダマメにも障害を与えたもので、葉脈間に褐色の小斑点が生じた。

図33　イチゴのアザミウマによる被害

カリウム欠乏障害 吉田らは岩手県の火山灰畑地でダイズの黄変障害について調査し、これがカリウム欠乏であることを認めた。ダイズに発生する症状はまず葉の周辺部から黄変が始まり、葉脈を残して中央部に広がり、やがて葉に縮れを生じ、褐色斑を生じたとしている。ダイズのカリウム濃度は0.5％前後であった。また、症状発現レベルを葉中カリウムで0.8％付近、土壌では5mg/100gの付近としている。

要素障害と紛らわしい症例 紫斑病は葉脈部に赤褐色の条を発生し、亜鉛過剰症に類似するので注意を要する。

(2)葉菜類

①キャベツ

チッソが過剰になるとカルシウムの吸収が抑制されやすく、キャベツではこのことに原因して球の中央部が褐変腐敗する心腐れ症が発生しやすい。また、カリウムやホウ素欠乏も発生しやすい障害である。

ホウ素欠乏障害 島田はキャベツ苗の障害について調査し、これがホウ素欠乏であることを認めた。このとき、健全苗のホウ素濃度は19ppmあったが、障害苗のホウ素濃度は10ppmと低い値を示した。また、筆者が調査した事例でも、葉中ホウ素濃度は11ppmと低い値を示し、葉柄に横の亀裂を生じるとともに、生育が阻害された。

②ハクサイ

欠乏障害ではキャベツと同様にチッソ過剰に起因するカルシウム欠乏やホウ素欠乏の発生が多

い。また、ハクサイの主脈にゴマ状の黒いシミ状の斑点が発生するゴマ症と呼ばれる生理障害はチッソのやり過ぎで発生しやすい。

ホウ素欠乏障害　岩手農試の調査では初期生育が不良で欠株が増え、結球期(9月)になると外葉の内側中肋が褐変粗状となり、次第に中心部にこの症状が及び、結球しなくなると報告している。さらに、葉中ホウ素が15ppmでは甚だしい障害がみられたが、ホウ砂の施用により葉中濃度が20ppm以上になると欠乏症状はみられなくなり、土壌の水溶性ホウ素が0.2ppm以下では明らかに欠乏症状が発生するとしている。また、島田もホウ素欠乏株と健全株のホウ素濃度について調査し、欠乏株は20ppm以下、健全株は30ppm以上あったことを報告している。

③シロナ

要素障害と紛らわしい症例　ウイルス病は葉が縮れたり外側に巻きやすく、ホウ素欠乏症状などと紛らわしいので、注意する。また、乾燥害は葉が内側や外側に巻き、カルシウム欠乏症状に類似する(図34)が、萎れ現象がみられるので、よく観察すれば簡単に判別できる。

④チンゲンサイ

土耕栽培では要素障害が発生しにくいが、水耕栽培では鉄欠乏が発生しやすい。

鉄欠乏障害　水耕栽培中、葉色が淡緑化し始め、やがて若い葉は葉脈の緑色を残して黄白化する障害が発生した。葉分析の結果、葉中鉄濃度は26ppmと著しく低く鉄欠乏と判断されたが、これは鉄材を補給せずに栽培したため欠乏が発生したものであった。

図34　シロナの乾燥害

⑤ホウレンソウ

一般に生育期間の短い葉菜類の要素障害発生事例は少ないが、ホウレンソウではマンガン欠乏やリン欠乏の発生が認められている。

リン欠乏障害　水稲の裏作にホウレンソウを栽培中、長期間水稲の苗床として利用していた箇所で生育が不良となった。調査の結果、障害株の葉中リン濃度は0.15％と明らかにリンが欠乏していた。ちなみに、土壌のpHは4.6、可溶性リン酸は22mgであった。また、生育が比較的良好な同一圃場内の対照株の葉中リン濃度は0.51％で、土壌のpHは5.7、可溶性リン酸は34mgであった。リン欠乏が発生した原因は土壌の酸性化と地温の低下によるリン供給能の低下と考えられた。

マンガン欠乏障害　苦土石灰を多量に施用したため、土壌のpHが8.5と著しく上昇して、マンガンの吸収が阻害され、マンガン欠乏が発生した。欠乏症状が顕在化した株の葉中マンガンは8ppm、また、同一圃場で障害のみられなかった株の葉中マンガンは15ppmであった。

⑥シュンギク

カルシウム欠乏である心枯れ症が発生しやすい。また、マンガンやホウ素欠乏の発生が認められている。

カルシウム欠乏障害　二見らは、夏場の高温期を中心に広範囲にわたり、シュンギクの心枯れ症状を呈する生育障害について調査し、これが、高温、リン酸の多量吸収条件下で石灰の吸収移行が阻害されて誘発されたものと推察した。

マンガン欠乏障害　ハウス栽培で土壌のpHが8.4に上昇して、マンガン欠乏が発生した。pHの上昇は石灰資材の多施用が原因であった。また、このときの葉中マンガン濃度は18ppmであった。

ホウ素欠乏障害　うねのよく乾燥する箇所で，心葉の生育が阻害されるとともに葉柄裏に横の亀裂を生じるホウ素欠乏障害が発生した。ホウ素欠乏株のホウ素濃度は17ppmであった。

ホウ素過剰障害　ホウ素資材を多用したためシュンギクの下葉から葉縁が褐変するホウ素過剰障害が発生した。このときの葉中ホウ素濃度は238ppm，土壌の水溶性ホウ素は2.8ppmであった。

⑦セルリー

他の葉菜類に比べて要素障害の発生頻度は高く，ホウ素欠乏やマンガン，ホウ素過剰障害の発生が認められている。以下に静岡農試で調査された事例を中心に示す。

ホウ素欠乏障害　土壌中ホウ素が0.5ppm以下のとき，あるいは土壌がアルカリ化しているときに発生し，葉柄の内側が褐変したり，葉柄の外側にツメで引っ掻いたようなササクレ状が現われるとしている。筆者も水耕栽培で発生したホウ素欠乏について調査したが，新葉の生育が阻害され，葉柄部に無数の引っ掻き傷のような亀裂が生じていたことを認めている。また，欠乏株の葉中ホウ素濃度は17ppm，茎部は15ppmであった。

マンガン過剰障害　外葉の葉縁部が黄変し，褐色の斑点を生じ，土壌中の交換性マンガンが50ppm以上で発生しやすい。

ホウ素過剰障害　葉の内側に褐色の亀裂が生じるとともに，葉縁が内側に巻き奇形化する。また，跡地の水溶性ホウ素濃度が2ppm以上で発生しやすい。

要素障害と紛らわしい症例　キュウリモザイクウイルス（CMV）に罹病したセルリーは茎部にエソ症状を示し，ホウ素欠乏症状と紛らわしいので注意を要する。

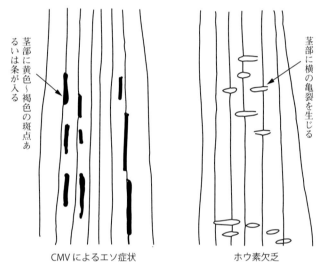

図35　セルリーのCMVによるエソ症状（左）とホウ素欠乏症状（右）の違い

⑧ミツバ

水耕栽培では鉄欠乏障害が認められている。

鉄欠乏障害　水耕栽培で新葉の葉色が淡緑化し，鉄欠乏症状が発生した。一般にミツバの鉄含量は高く，筆者の実施した水耕栽培での健全なミツバの鉄濃度は250ppmであったが，欠乏障害を発生した葉の鉄濃度は73ppmとかなり低い値であった。また，培養液の鉄濃度は0.2ppmと低く，鉄剤が十分に補給されなかったために欠乏が発生したものと推察された。

⑨シソ

シソは露地栽培のほか養液栽培で栽培される場合があるが，露地栽培に比べ養液栽培では比較的鉄欠乏の発生が多い。

鉄欠乏障害　水耕栽培中，上位葉の葉脈間が淡緑～黄変するとともに，一部に褐色の枯死斑点がみられる障害が発生した。葉分析の結果，鉄濃度は90ppmと通常のレベル（約200ppm）より著しく低いことや，症状が鉄欠乏症状に類似していること，あるいは筆者が実施した鉄欠除試験で，鉄欠乏症状を呈する葉中濃度が74ppmでこれに近い値であったことから，本障害は鉄欠乏と判断された。

要素障害と紛らわしい症例　土耕栽培のシソの先端葉が内側に巻き，生育が不良となった（図36）。このため，葉分析を実施し，障害要因を検討したが，原因を明らかにできず，現状では未解決の問題となっている。本症状はホウ素欠乏症状と紛らわしいので注意が必要である。また，水耕栽培では下位葉の葉縁が黄変し始め，漸次上位葉に及ぶ障害が発生したが，現状ではこれも原因不明である。本障害も要素障害と紛らわしいので，注意しなければならない。

図36　シソの奇形葉

⑩カリフラワー

マグネシウムやホウ素欠乏が比較的発生しやすい。

マグネシウム欠乏障害　現地では苦土肥料の施用がほとんど行なわれなかったため，土壌中の苦土含量が不足して，マグネシウム欠乏が発生した。下位葉の葉脈間が淡緑色になり，やがて，鮮やかに黄変した。このとき欠乏葉の葉中マグネシウムは0.09％で，土壌のpHは4.5，交換性苦土は9mgであった。

ホウ素欠乏障害　岩手農試の調査では，20ppm以下で欠乏症状が強く認められ，35～45ppm以上になると欠乏症状は全く認められなくなり，土壌の水溶性ホウ素が0.2ppm以下で欠乏が顕在化するとしている。

⑪タマネギ

ホウ素欠乏や亜鉛過剰障害の発生が認められている。

ホウ素欠乏障害　1981（昭和56）年ごろより，水田裏作タマネギで広域にわたり，立ち枯れや球が肥大せずビワ球（小球）となる「すくみ症」が広域にわたり発生し，著しく収量を低下させた。当時は除草剤などの農薬あるいは病虫害面で調査がなされたが，原因不明となっていた。

このため，1984年に当地区で土壌診断調査および作物の要素診断調査を実施し，この原因の究明に当たった。この結果，土壌反応は中性から微アルカリ性のものが多く，塩基飽和度が高く，腐植含量の低い地点が多かった。また，水田は老朽化傾向がみられた。土壌の水溶性ホウ素濃度が，不足と考えられる0.3ppm以下が84％もあり，ホウ素濃度の低い地点が多くみられた。また，タマネギの収量とホウ素の吸収量には相関関係がみられるとともにきゅう肥施用農家では障害の発生が少ない傾向にあった。さらに，水耕法によるタマネギのホウ素欠除栽培試験の結果，タマネギは現地で発生した症状と同様の症状を示し，本障害がホウ素欠乏であることが明らかになった。さらに，被害の激しかった現地圃場で各種資材の施用効果試験を実施した結果，ホウ素資材の施用は顕著に障害を軽減させ，収量を高めたが，有機資材の施用でも同様の傾向が認められた。また，定植前に0.1％ホウ砂溶液に1時間浸漬後定植すると活着が良好となり，障害の発生を防止するとともに増収効果がみられた。

亜鉛過剰障害　水稲栽培中に亜鉛を多量に含む灌漑水に流入し，後作のタマネギに障害が発生した。障害症状は葉に黄色の条線が現われ，鉄欠乏症状と同様の症状を呈した。また，球はほとんど肥大しない状態であった。亜鉛過剰害は水田の水口に当たる付近が最も顕著で，土壌，作物体とも高濃度の亜鉛含量を示したが，水口から遠ざかるに従って障害は軽減するとともに亜鉛含量は低くなった。

要素障害と紛らわしい症例　べと病などの病斑はカリウム欠乏症状と類似するので注意が必要である。

(3)根菜類
①ダイコン
　マグネシウムやホウ素欠乏が発生しやすく，各地で，その発生が認められている。

　マグネシウム欠乏障害　露地栽培で収穫期にマグネシウム欠乏が発生し，古葉の葉縁より黄化し始め，やがて葉脈間への黄化が進み，漸次上位葉に広がった。欠乏症状を呈する古葉のマグネシウム濃度は0.06％で，障害の認められないものの約1/3の濃度となった。

　ホウ素欠乏障害　鈴木は，土壌中の水溶性ホウ素が0.2ppm以下で欠乏の発生が多く，0.1ppm前後ではかなり症状が甚だしくなると推察している。また，堀は，茎葉部のホウ素濃度が20ppm以下になると欠乏症状を呈するとしている。

②サトイモ
　カリ過剰に起因するカルシウム欠乏が原因の芽つぶれ症の発生や，マグネシウム欠乏の発生が認められている。

4.　果　樹

①ミカン
　マグネシウム，鉄，マンガン，ホウ素欠乏は比較的発生頻度が高い。とくに，ホウ素は旱魃時には広域にわたって発生しやすい。このほか，銅，亜鉛欠乏などの発生が認められている。また，かつてはマンガンの過剰による異常落葉が問題になったことがあるが，過剰害の発生は一般に少ない。

　マグネシウム欠乏障害　石原は温州ミカンのマグネシウム欠乏は，葉中マグネシウム濃度は0.3％以下，土壌の交換性苦土が20mg以下の場合，欠乏症状の発生が多いことを認めている。また，筆者が調査した結果では，マグネシウム欠乏症状を呈する葉は旧葉で0.13％以下，土壌の交換性苦土は表土で21mg以下，心土では17mg以下を示した。

　鉄欠乏障害　温州ミカンの新葉の葉脈の緑色を残して，葉脈間が淡黄緑～黄変する症状が発生した。調査の結果，葉中鉄濃度が36ppmと低く，水耕栽培による鉄欠除試験により発現させた鉄欠乏症状とよく一致したことから鉄欠乏と判断された。このとき，土壌は酸性で，交換性鉄含量が0.6ppmと低く，交換性マンガンが18ppm，有効態リン酸含量が469mgと著しく高かった。また，葉中リン濃度が0.31％と高い状態にあった。

　マンガン欠乏障害　マンガン欠乏は新葉の葉脈間が淡緑化する。葉中含量は16ppm以下となり，これ以下では1樹当たりの欠乏葉割合は直線的に増加し，欠乏葉割合が高いほどマンガン欠乏の程度が激しかった。また，0.3％硫酸マンガンの葉面散布は欠乏症状を著しく減少させた。一方，マンガン欠乏園の土壌は石灰濃度が高く，pH6以上を示す場合が多く，しかも，交換性マンガンが3ppm以下に低下している園が多く認められた。

　銅欠乏障害　上野らは，三重県で発生した温州ミカンの銅欠乏について調査した。この結果，銅欠乏症状は夏秋梢，果実に発生し，落葉を伴う場合もあり，また，被害発生甚樹は樹高は低く，果実の発育も悪く，生育期間の後期まで落下し，収量は著しく少ない。夏葉中銅濃度は欠乏樹が4.8ppm，欠乏症状のないものは7.0ppmであった。さらに，ボルドー液の散布や硝酸銅の散布によ

り果実の欠乏症状はみられなくなったと報告している。

亜鉛欠乏障害　亜鉛欠乏症状は発生初期にはマンガン欠乏症状と区別しにくく，若葉の中肋や側脈の部分が緑色を残し，鮮明な斑紋を呈し，葉は小形で尖るとされている。

温州ミカンの新葉の葉脈間に鮮明なクロロシスが発現したが，発現初期はマンガン欠乏症状に類似していたので6月に0.3％硫酸マンガン液葉面散布を行なった。しかし，症状は8月になっても軽減せず，しかもその症状は葉脈間に鮮明な斑紋症状を呈するに至り，マンガン欠乏症状と異なった。このため，8月中旬に葉面散布を受けていない葉の葉分析を実施した。この結果，葉中濃度は鉄75ppm，マンガン25ppm，亜鉛16ppmを示し，亜鉛濃度が低いこと，また，土壌のpHは7.3（作土）〜7.6（心土）を示し，交換性亜鉛が1.2ppm（作土）〜1.5ppm（心土），2N塩化マグネシウム可溶性亜鉛濃度は0.5ppm以下と低いこと，また本症状が亜鉛欠乏症状に類似していることから亜鉛欠乏と判断された。

ホウ素欠乏障害　ホウ素欠乏の発生した園について調査した。この結果，葉中ホウ素濃度が9〜16ppmを示し，土壌の水溶性ホウ素濃度は0.18ppm以下であった。果実のホウ素欠乏症状は，果皮がコルク化したり，果実の中央部に障害が発生した。また，葉に現われた症状は新葉の葉縁中肋が黄変するとともに葉脈間に黄斑を生じた。

要素障害と紛らわしい症例　果実の裂果は銅欠乏が激しい場合にみられるが，旱魃が続いたあと，雨が降ると急に水分を含むため，果実は裂果することがある。銅欠乏の場合，枝葉にも特有の症状が発生するので，枝葉の観察が重要である。

また，除草剤による障害は葉脈が緑色を失い，黄白色を示す場合が多い。

②ブドウ

欠乏障害ではマグネシウム，マンガン，ホウ素欠乏の発生頻度が高い。このほか，カリウムあるいは鉄欠乏が発生することがあるが発生頻度は低い。また，過剰障害ではホウ素過剰害が発生しやすい。

マグネシウム欠乏障害　ハウス栽培において，‘デラウェア’では葉中マグネシウム濃度が0.09％以下，‘巨峰’では0.12％以下で，葉は明らかな欠乏症状を示した。土壌の交換性苦土は‘デラウェア’では13mg以下となり，交換性苦土の不足により欠乏障害が発生したが，‘巨峰’の場合，交換性苦土が50mg前後あるにもかかわらずマグネシウム欠乏が発生し，土壌養分以外の要因により，マグネシウム欠乏が発生することが示唆された。

マンガン欠乏障害　‘デラウェア’で発生し，マンガン含量が21ppm以下となり，葉脈間が淡緑化するとともに，成熟期の果房は赤い果粒と青い果粒が混在する着色障害が発生した。葉の症状は0.4％硫酸マンガンの葉面散布，果実の着色障害は硫酸マンガンの散布あるいは浸漬により著しく軽減または消失したが，開花前よりも開花後の処理が効果的であった。なお，マンガン欠乏による着色障害に対して，ジベレリン処理時にマンガン液を混用して浸漬する方法は果実に薬害が出ることがあるので現在では使用されていない。

ホウ素欠乏障害　大野は，‘デラウェア’のホウ素欠乏園の調査から，葉中ホウ素含量は5.88〜11.94ppmの範囲にあり，欠乏限界を12〜13ppmとしている。筆者の調査でも，葉中ホウ素濃度が7〜13ppmで欠乏症状が認められた。また，大野は土壌の水溶性ホウ素濃度の欠乏限界を0.2〜0.3ppmと推定し，深井らは乾燥などの気象要因を考慮して水溶性ホウ素濃度は1ppm必要としている。

ホウ素過剰障害　‘デラウェア’でホウ素過剰害が発生した。その症状は下位葉の葉縁が褐変するとともに，葉脈間に褐色の斑点を生じ，上位葉では葉脈間の褐変とともに葉は内側に巻き，カッ

ピング状となった。葉中ホウ素濃度は405ppmと著しく高まった。

このような現地調査を通じていえることは，ほぼ同じ土壌条件下に栽培されているにもかかわらず，葉中成分含量に差異がみられ，欠乏障害では葉に欠乏症状を発現している樹とそうでない樹が認められる場合が多かったことである。この原因については根域の相違や局所的な養水分含量あるいは樹勢など各種自然条件の差異が考えられる。いずれにしても，欠乏症状を呈していない葉の養分含量率は，欠乏症状を呈している葉より高いが，正常なものに比べれば低く，潜在的な欠乏状態にあると推察される。したがって，診断にあたっては樹園地内に栽植されている樹にどの程度の割合で欠乏症状がみられるかを観察することにより，実態を把握し，潜在欠乏の状態を推察して対策を立てることが重要と思われる。

図37 除草剤DCMU剤による障害症状

要素障害と紛らわしい症例 除草剤を誤って使用すれば，作物に大きな障害を与える。その症状も極めて特異的である。DNB剤やDCMU剤はミカン園で使用され，通常はブドウ園では使用されないが，誤って本剤を使用したため障害が発生した。

DNB剤をビニール被覆後，本剤施用地点のブドウの生育が抑制され，ホウ素欠乏の症状に類似した障害が発生した。ハウス内で本剤を施用したためで生育中のブドウ葉がすべて落葉したケースもある。また，DCMU剤を多量に使用したため，ブドウの葉の葉脈が緑色を失い，黄白化するという障害が発生し，要素障害に類似した（図37）。

図38 石灰チッソ溶液の投棄で発生したブドウ葉の障害症状

通常，マンガンが欠乏すれば果実に着色障害を発生するが，べと病などにより落葉が激しい場合にも果実に着色障害を発生するので，果実の外観の障害特徴だけでなく，栽培状況や葉の障害症状などを加味して診断を下すことが重要である。

栽培されているブドウの近傍に穴を掘り石灰チッソ溶液を多量に投棄したところ，図38に示すように，葉縁が褐変枯死した。

また，マグネシウム欠乏の激しい状態に似た障害が加温機のダクトが故障したときに発生し，ガス障害と考えられた。

③リンゴ

カリウム，カルシウム，マグネシウム，マンガン，ホウ素欠乏の発生が認められている。また，粗皮病はマンガンの過剰吸収と関連が深く，健全樹の数倍ものマンガン濃度となり，酸性あるいは排水不良土壌での発生が多いといわれている。

カリウム欠乏障害 松井によれば，土壌中のカリウム含量の少ない土壌や砂質でカリウムが溶脱しやすい土壌で発生している。また，その症状は6月下旬ごろから果そう葉の葉縁に褐変が認められるようになり，症状の進展とともに焼け症状を呈する。落葉は少ないが果実の肥大は低下し，樹勢は衰えるという。

カルシウム欠乏障害 葉には症状が現われにくいが，渋川が実施した砂耕試験の結果では新梢基

部葉の葉縁の色があせ，淡黄色を呈し，やがて変色し暗褐色となり，枯れる。また，変色葉は内側に巻き込む傾向を示す。しかし，果実にはカルシウム濃度が不足すると褐色〜暗褐色の斑点が生じやすくなるといわれている。

鉄欠乏障害　下層が15cm程度の有効土層が浅いリンゴ園で，鉄欠乏が発生した。鉄欠乏葉の鉄濃度は49ppmと健全葉の70ppmに比べ低い値であった。また，障害樹冠下（0〜15cm深）のpHは4.3と酸性で交換性マンガン80ppm，可給態銅が42ppm，可給態リン酸が83mg/100gであった。これらのことから，銅やマンガンが鉄の吸収を抑制するとともに，可給態リン酸と鉄の結合などにより鉄の吸収が阻害されたと推定されている。

マンガン欠乏障害　長野県北部の沖積地で'国光'にマンガン欠乏が多発し，その症状は葉のみに顕著に現われ，新しく出てくる新梢の先端より順次発現した。このとき土壌のpHは7以上を示すことが多かったと田中は報告している。

ホウ素欠乏障害　山崎らはリンゴ園（'ゴールデン'）のホウ素欠乏について調査し，土壌の水溶性ホウ素含量が1ppm以下，葉中含量が15ppm以下になると発生頻度が高くなると報告している。

④ナ　シ

ホウ素欠乏やニッケル過剰によるクロロシスについて報告がある。このほか，マグネシウムや鉄，マンガン欠乏が発生しやすい。また，果実の障害では硬化障害が大きな問題である。

ホウ素欠乏障害　ニホンナシでは，'菊水'にホウ素欠乏が発生しやすく，佐藤・藤原らの調査では，外観には異常がみられないが，果肉に淡褐色の異常部分を生じ，この部分が苦味を呈したと報告している。このとき，ホウ素欠乏樹の葉中ホウ素含量は13.1ppm，正常樹では19.1ppmであった。また，土壌の水溶性ホウ素含量は0.28ppmで，土壌のpHは4.5〜5.0であった。

ニッケル過剰障害　石原らは和歌山県の蛇紋岩土壌地帯で発生したナシ（'長十郎'）のクロロシスについて調査した結果，本障害はニッケル過剰に起因するクロロシス障害であることを示した。さらに，消石灰の施用によりクロロシスの発現が減少したと報告している。

果実の硬化障害　ニホンナシの果実においては，'二十世紀'では果皮に凹凸を生じ，果肉が硬化するゆず肌，'長十郎'では果肉が硬化する石ナシと呼ばれる果実障害がみられるが，最近これらはほぼ同一の障害とみなされ，総称して硬化障害と呼ばれている。硬化障害には根群の発達不良，水分問題，作物体内でのカルシウム不足，カルシウム/カリウム比が低いことなど各種要因が関与しているようである。

5. 緑化用樹

公園や街路に植栽されている緑化用樹は農耕地ほど土壌管理が十分に行なわれていないため，各種樹種にさまざまな障害が発生しやすい。とりわけ，土壌養分の不足に起因して発生しやすいチッソ，マグネシウムの欠乏障害や土壌のpHが上昇して発生しやすい鉄やマンガンの欠乏障害が認められている。

要素障害対策と肥料

要素障害発生時には，障害発生の原因を明らかにして，作物への対策および土壌管理や肥培管理の改善により，障害の発生を防止することが重要となる。欠乏障害では速効的な効果が期待できる葉面散布剤あるいは土壌施用資材などの施肥を行ない，速やかに症状の軽減化を図る必要があるが，葉面散布剤を用いた葉面散布法が極めて効果的な対策方法であることから，この方法を応急的対策の基本とする。また，土壌施用を行なう場合は，水溶性成分を主体とする肥料，資材を選択し，養分吸収が速やかに行なえるように配慮する。さらに，次作に向けては，欠乏要素の施肥あるいは土壌反応の矯正など施肥および土壌改善の実施を基本とするが，予防的に葉面散布剤による未然防止策を組み合わせた対策を実施することが望ましい（図39）。

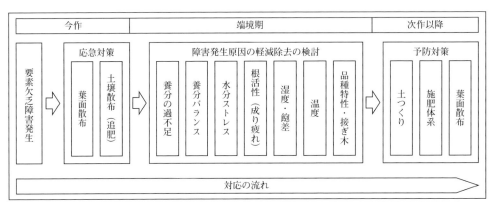

図39　要素欠乏障害発生の応急対策の予防対策までの流れ

一方，過剰障害では果樹類など永年作物を除けば，一般に立毛条件下での対策は難しいので，収穫後に次作以降に向けた障害対策が必要で，土壌管理面では土づくり資材による化学性の改善や土壌物理性の改善，施肥面では過剰障害を助長する要素の施用を停止あるいは減肥するなど，施肥体系の見直しや過剰養分を流亡させるなどの軽減除去対策が重要となる。

1. 土づくり肥料の基礎知識

作物の養分吸収の基本は経根吸収であるが，葉面からも養分を吸収することができるので，欠乏障害が発生した場合，速やかに肥料を葉面（葉面散布）あるいは土壌に施用し，欠乏あるいは不足養分の補給を行なうことが重要である。なお肥料は肥料取締法により成分などが以下のように設定されている。

1）肥料は保証する成分ごとに成分の最小量を保証する仕組み（最低保証制度）となっており，採用する分析法によって全量，く溶性，可溶性，水溶性，などの名称を使用する。たとえばチッソ全量，可溶性リン酸などである。

2）保証成分としては，チッソ，リン酸，カリ，マグネシウム，ケイ酸，ホウ素，マンガンが認められており，石灰は可溶性石灰と可溶性苦土を石灰に換算したものの合計量であるアルカリ分とし

要素障害対策と肥料 — 233 ◆

て保証される。

3) イオウや塩素は肥料の主成分に指定されておらず，鉄，銅，亜鉛，モリブデンについては効果発現促進材として添加が認められている。

2. 肥料の葉面散布（葉面施用）の基本

葉面散布は葉色を濃くしたいとき，地上部の生育を早急に回復させたいとき，果菜類（ナス，トウガラシなど）に接ぎ木し，樹勢低下を防止するなどの目的で利用されることが多いが，要素欠乏障害に対しては応急対策として広く活用されている。また，欠乏障害であることが推定されるがどの要素の欠乏であるのか判然としない場合は，欠乏と推定される複数の要素をそれぞれ単独で枝あるいは株単位に散布し，最も障害軽減効果の高い要素を明らかにすることで，欠乏要素の判定が行なえる。

表6　各要素の葉面散布濃度

要　素	薬品名	散布濃度
チッソ	尿素	0.4 ～ 0.5%
リン酸，カリ	第一リン酸カリ	0.2 ～ 0.5%
カルシウム	塩化カルシウム	0.2 ～ 0.5%
マグネシウム	硫酸マグネシウム	1 ～ 2%
ホウ素	ホウ砂	0.2%（生石灰の0.2%混合液）
マンガン	硫酸マンガン	0.1 ～ 0.2%
鉄	硫酸第一鉄	0.1%
亜　鉛	硫酸亜鉛	0.2 ～ 0.4%（生石灰の0.2%混合液）
モリブデン	モリブデン酸アンモニウム	0.03%

表7　気温の違いと散布濃度

気　温	20℃以下	20 ～ 25℃	25 ～ 30℃	30℃以上
温度比	1.0	0.8	0.6	0.5

(1)散布濃度

葉面散布を行なう場合，散布濃度が重要で，薄すぎると効果が低下し，濃すぎると葉焼けなどの障害を生じる恐れがあるため，表6に示した散布濃度を参考に散布する。また，市販の葉面散布剤を用いるときは，指示された方法に従って散布する。幼植物に対してや生育が衰えたときは薄くすることもある。一般的には農薬と混用できるが，アルカリ性農薬などの混用ができない場合があるため注意する。

(2)散布時の気温

葉面散布は気温の影響を受けやすく，散布時の気温が高い場合は，障害が発生しやすくなる。このため表7に示すように散布濃度を気温にあわせて変更する必要がある。また，日中の気温が高いときは葉焼けを生じやすいため葉面散布は避ける。

(3)散布時間帯

葉面吸収の盛んな時間帯は午前中であり，朝つゆが乾いたあとに散布する。また，降雨前や風の強いときは葉面に散布資材が十分に付着しない場合が多いため，散布はできるだけ避けるようにする。

表8　葉面散布した要素の吸収速度（Wittwerら，1963）

元素	作物	吸収速度[1]
チッソ（尿素として）	カンキツ	1〜2h
	リンゴ	1〜4h
	パインナップル	1〜4h
	サトウキビ	24h
	タバコ	24〜36h
	カカオ，コーヒー	1〜6h
	バナナ	1〜6h
	キュウリ，マメ，トマト，トウモロコシ	1〜6h
	セルリー，ジャガイモ	12〜24h
リン	リンゴ	7〜11d
	マメ	6d
	サトウキビ	15d
カリウム	マメ，カボチャ	1〜4d
カルシウム	マメ	4d
マグネシウム	リンゴ	1hで20%
イオウ	マメ	8d
塩素	マメ	1〜2d
鉄	マメ	24hで8%
マンガン	マメ，ダイズ	24〜48h
亜鉛	マメ	24h
モリブデン	マメ	24hで4%

注　1）50%吸収に要する時間（h），または日（d）

(4)効果的な葉面散布

葉面散布による葉面からの養分吸収は土壌施肥よりも比較的速く行なわれ（表8），数時間から1日程度で吸収される。また，養分吸収は古い葉より新しい葉のほうが旺盛であり，葉の表面より裏面からのほうが多いといわれている。このため裏面にも散布液が十分に付着するよう散布する。散布液が葉に十分に付着しない場合は，図40にみられるようにナスの鉄欠乏葉に硫酸第一鉄を散布したときに散布液が十分に付着していない

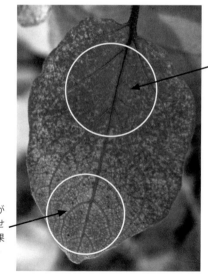

図40　ナスの鉄欠乏葉への硫酸第一鉄の葉面散布効果

部分では鉄欠乏症状は回復していない。また，カルシウムのように体内で移動しにくい要素は，欠乏の現われている部位に散布すると効果的である。作物によっては葉が葉面散布液を弾くことがあるので，市販の展着剤（界面活性剤）を散布液に添加して，葉に散布液が十分に付着できるようにする。

(5)葉面散布剤などの種類

葉面散布剤をはじめとする対応資材は，242ページのように多くのメーカーから市販されている

ので，これらのなかから適当な資材を利用する。

3. 土つくり・基肥・追肥に使用される主な肥料

土つくりに使用される肥料には各種あるがその主な機能は表9のとおりであり，これらの機能を活用して土壌改善を行なう。

表9 土つくりに使用される肥料の主な機能と種類

主な機能	土づくり肥料の種類
土壌pHの矯正，および石灰・苦土など塩基の補給	生石灰，消石灰，炭酸石灰，苦土石灰，アヅミン苦土石灰，セルカ，苦土セルカ，水酸化苦土，エコマグなど
リン酸の補給	ようりん，苦土重焼リン，リンスター，腐植リン，ダブリンなど
ケイ酸の補給	ケイカル，ケイ酸カリ，農力アップ，とれ太郎など
粗大有機物の腐熟促進	石灰窒素，マイコログランなど
マンガン（・ホウ素）の補給	みつかね，FTE，FBMなど
鉄の補給	ミネカル，ミネラルGなど，含鉄物
その他	硫酸カルシウム，硫酸苦土，アヅミン，マルチサポート，アイアンサポートなど

(1) 土壌のpH対策

肥料成分は土壌のpHにより溶解性が異なるので，作物への吸収のしやすさが変化する。そのため，土壌中に養分が潤沢に存在してもpHが適正に維持されていない場合は要素欠乏が発生することがある。

一般に酸性土壌では，アルミニウムやマンガンが活性化し植物に害を与えるとともに，土壌中のリン酸が溶解しにくい形態に変化し，リン酸が吸収されにくくなる。中性あるいはアルカリ土壌では，鉄，マンガン，銅，亜鉛などが難溶化し作物に吸収されにくくなり，これらの欠乏障害が発生しやすくなる。このようにpHは多くの場面で要素の可溶化，不溶化に関係し要素障害の発生に大きく影響する。

pHを高めるためには，一般的には石灰質資材を施用して改良する。また，施用量は土壌の種類や施用する資材によって大きく変わる。石灰資材の施用量は，中和石灰曲線を作成して決定することが基本であるが，アレニウス表などの目安表を利用することもできる。

土壌pHが作物生育の好適範囲より高い場合は，石灰資材の施用を控える。また，要素障害の発

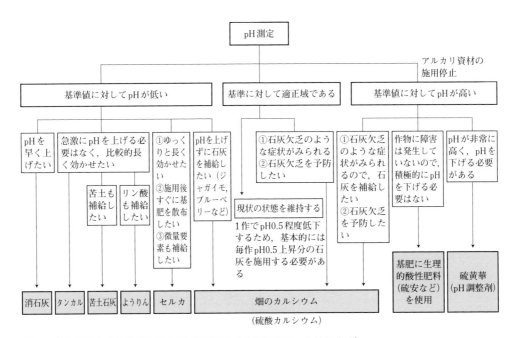

図41　土壌反応と土壌改良対策資材の施用例（全農肥料研，小林新作成）

◆236 ─ 要素障害対策と肥料

生が懸念される場合は，微量要素入り肥料の施用や生理的酸性肥料（硫安や塩加など）を積極的に施用して土壌の酸性化を促し，適正なpHになるように努める。早急にpHを下げる必要がある場合は，硫黄華やpH調整剤などを利用して土壌反応の改善を図る。また，土壌反応と土壌改良対策資材の施用例を図41に示したので参考にされたい。

(2) 土つくりに使用する肥料の成分と特徴

土つくり・基肥・追肥によく利用されるチッソ・リン酸・カリ・石灰・苦土などの肥料の種類とその特徴は表10のとおりで，これらの特徴を踏まえて土壌改善を行なう。

4. 要素欠乏・過剰の基本対策例

要素欠乏あるいは過剰が発生した場合の土壌改善対策および葉面散布対策例を各要素ごとに表11に示した。欠乏対策では欠乏要素の施用あるいは塩基バランスの適正化などが基本であるが，過剰対策では肥料の施用を停止あるいは施用量を控える，肥料成分の流亡を図る，クリーニングクロップなどを利用して土壌から過剰養分を除去するなどの対策が必要となる。

表10　肥料の成分と特徴

区分	土づくり肥料の種類	保証成分量(%)						特　徴
		チッソ	リン酸	アルカリ分	苦　土	ケイ酸	その他	
チッソ	石灰窒素（粉・防散）（粒状）	21 20		55 50〜55			農薬：カルシウムシアナミド40〜55	緩効性のチッソと土壌の酸性をなおす石灰を含む。有機物の腐熱促進と殺菌・殺虫・除草の農薬効果をあわせもつ
リン酸	ようりん（砂状・粒状）	(pH：7.7)	C-20〜25	50	C-15	S-20	鉄(4)微量要素含む	水に溶けないので，出来秋散布に適し，土壌の酸性をなおす。リン酸と苦土，ケイ酸をバランスよく含み，長い期間肥効を発揮する
	BMようりん（砂状・粒状）		C-20	45	C-13	S-20	ホウ素0.5，マンガン1.0，鉄，微量要素含む	
	苦土重焼燐（粒状）	(pH：5.5)	C-35 W-16		C-4.5			水溶性リン酸（早効き）ととく溶性リン酸（長効き）の両方を含む。出来秋散布にも適する
	BM苦土重焼燐（粒状）		C-35 W-16		C-4.5		ホウ素0.5，マンガン1.0	
	リンスター（粒状）	(pH：6.0)	C-30 W-5		C-8 W-2			水溶性リン酸（早効き）ととく溶性リン酸（長効き）の両方を含む。出来秋散布にも適する
	BMリンスター（粒状）		C-30 W-5		C-8 W-2		ホウ素0.5，マンガン1.0	
	腐植燐（粒状）	(pH：7.0)	C-15 W-2	石灰(17)	C-8	(12)	腐植酸(35)	リン酸は腐植酸でつつんであるので，土壌による固定が少なく，作物によく吸収される
ケイ酸	ケイカル（砂状・粒状）	(pH：10前後)		40〜50	C-2〜6	S-30〜40	C-マンガン1〜6	水には溶けないが，薄い酸に溶けて稲に吸収される。出来秋散布しても，むだなく利用される
	けい酸加里（粒状・細粒）	(pH：10.6)			C-4	S-30	C-カリ20 C-ホウ素0.1	緩効性カリ肥料であるが，ケイ酸の効果が高い

（次ページへつづく）

要素障害対策と肥料 — 237 ◆

区分	土づくり肥料の種類	保証成分量(%)						特徴
		チッソ	リン酸	アルカリ分	苦土	ケイ酸	その他	
ケイ酸	熔成けい酸燐肥とれ太郎（粒状）		C-6	40	C-12	S-30		ケイ酸の溶解率と水稲に対する吸収率が高い
	熔成けい酸加里（粒状）	(pH:11.5)		15		S-25	C-カリ20 C-マンガン2.0	緩効性カリ肥料であるが，ケイ酸の効果が高い
石灰	消石灰 炭酸カルシウム（タンカル）			60～70 53～55				土壌の酸性をなおす。石灰は，作物に吸収され有機酸を中和し，栄養分となる
	カキ殻肥料 セルカ（粉状・粒状・粗砕）			46～48				主成分は炭酸カルシウムであるが，窒素，リン酸，カリ，苦土，微量要素も含む
	苦土石灰（苦土タンカルなど）			55～100	C-10～35			土壌の酸性をなおす。石灰と苦土が補給できる
	アヅミン（苦土石灰）			50	10		アヅミン(10)	腐植酸（アヅミン）が石灰・苦土の土壌中での分散浸透を促す。樹園地に適する
	硫酸カルシウム（石こう：粒状）	(pH:5.1)		石灰(28～35)			イオウ(16～20)	pHを上げずに石灰の補給ができる
苦土	水酸化苦土（水マグ）				C-60			弱い酸に溶け緩効性である。天然品では「エコマグ」がある（C-苦土：55）
	硫酸苦土（硫マグ）				W-25			水に溶け速効性である。pHを上げずに苦土の補給ができる
その他	腐植苦土肥アヅミン	(3) (pH:6.8)			C-3 W-1	(4)	腐植酸(50～60)	有機物の不足を補う。腐植酸により作物根の活力を高める。CEC：30meq程度
	鉱滓マンガン肥料みつみね				(5～7)	(18～22)	C-マンガン10	マンガンを補給し，秋落ちを防止する。同時に，ケイ酸と塩基の補給ができる
	転炉さいミネカルなど	(pH:11.5)		(40～50)		(12～28)	鉄(15～25)	鉄を補給し，秋落ちを防止する。ケイ酸や塩基なども補給できる
	熔成微量要素複合肥料 FTE（粉・粒） FBM（粉・粒）				C-8		C-マンガン／C-ホウ素 19/9 20/10	水に溶けないが，薄い酸に徐々に溶けて長い間にわたって肥効を発揮する

注　略記号：S-：可溶性（ケイ酸成分は0.5M塩酸可溶），C-：く溶性（クエン酸可溶性），W-：水溶性を示す。また，（　）内数字は保証成分以外の含有成分量を示す

表11　要素欠乏・過剰の改善対策例

障害区分	対策	土壌対策（施用量は kg/10a）	葉面散布対策
欠乏	チッソ	窒素肥料の適量を数回にわけ，水に溶して追肥する	尿素の0.4～0.5％溶液を1週間おきに数回散布する
	リン	酸性土壌ならアルカリ資材を施用し土壌改良を行なう。含量が不足していたら，リン酸肥料を施用し含量を高める	第一リン酸カリの0.3％溶液を数回散布する
	カリウム	水稲では2～4kg，野菜では3～5kg（数回に分施する）を追肥する。塩基バランスを適正にする	
	カルシウム	土壌を乾燥させないこと。窒素やカリ肥料などの多用を避ける。酸性土壌ならば苦土石灰など改良資材を施用し含量を高める。塩基バランスを適正にする。	塩化カルシウムまたは第一リン酸カルシウムの0.3％溶液を数回散布する

（次ページへつづく）

障害区分＼対策		土壌対策（施用量は kg/10a）	葉面散布対策
欠乏	マグネシウム	苦土石灰，水酸化苦土，硫酸苦土を土壌条件に応じて使用する。塩基バランスを適正にする	硫酸マグネシウムの1%溶液を1週間おきに数回散布する
	イオウ	硫安，硫加，過石，硫マグなどのイオウを含む肥料を施用する。水稲は硫安の施用によって欠乏は回復するが，障害発生時に吸収されず作土に相当量のアンモニア態窒素が残存している場合には穂肥に施用しないようにする	硫酸マグネシウムの1%溶液を1週間おきに数回散布する
	鉄	鉄キレート化合物を2〜3kg施用する。土壌反応が中性からアルカリ性の場合，アルカリ資材の施用を中止するとともに土壌反応が改善されるまで積極的に生理的酸性肥料を用いる。あるいは硫黄華など酸度矯正資材を活用して，土壌反応を矯正する	硫酸第一鉄または塩化第一鉄の0.1〜0.2%溶液を数回散布する
	マンガン	土壌のマンガン含量が不足している場合はマンガン肥料の必要量を土壌条件に応じて施用する。また，土壌反応が中性からアルカリ性の場合，アルカリ資材の施用を中止するとともに土壌反応が改善されるまで積極的に生理的酸性肥料を用いる。あるいは硫黄華など酸度矯正資材を活用して，土壌反応を矯正する	硫酸マンガンの0.1〜0.2%溶液を10日おきに数回散布する
	銅	銅含量が欠乏している場合，有機物が少ない土壌や酸性土壌では硫酸銅0.5〜1kg，有機物の多い土壌や中性〜アルカリ性に傾いている土壌では硫酸銅2〜3kgを均一に施用する	硫酸銅の0.1〜0.2%溶液（石灰加用）の葉面散布を行なう
	亜鉛	土壌が中性・アルカリ性に傾いている場合，石灰肥料の施用を中止し，土壌反応が酸性に傾くように積極的に生理的酸性肥料を施用する。土壌の亜鉛含量が不足している場合には硫酸亜鉛1kg程度を均一に施用する	硫酸亜鉛の0.2%溶液（石灰加用）あるいは石灰硫黄合剤に硫酸亜鉛を混入して散布してもよい
	ホウ素	ホウ砂0.5〜lkgを水に溶かし，全面に施用するが，施用しすぎないこと。FTE，BMようりんなどホウ素資材を適量施用する。土壌を乾燥させないこと	ホウ砂の0.1〜0.25%溶液（生石灰半量加用）を数回散布する
	モリブデン	酸性土壌の改良を行ない，土壌反応を中性に傾ける	0.01〜0.05%のモリブデン酸アンモニウムあるいはモリブデン酸ソーダ溶液の葉面散布を実施する
過剰	チッソ	周辺環境などを考慮し，透水性の良いところでは灌水量を多くして窒素を流亡させる。適正な施肥を行なう	（備考）土壌中の養分含量を低下させるには，①周辺環境などを考慮し，多量の水をかけ流し，養分を流亡させる②天地返しにより，作土と心土を混和し養分含量を低下させる③クリーニングクロップを栽培し，作物に養分を吸収させ，養分含量を低下させる④客土により，作物の根域を変える方法や過剰部分の除去は，過剰害に対して有効である⑤ファイトレメディエーション用浄化用植物の利用により，有害重金属などを除去する
	リン	リン酸肥料の施用を控える。適正な施肥を行なう	
	カリウム	周辺環境などを考慮し，透水性の良いところでは灌水量を多くしてカリを流亡させる。塩基バランスを適正にする。適正な施肥を行なう	
	カルシウム	石灰質肥料の施用を控え，硫安，塩安など生理的酸性肥料を積極的に用いる。透水性の良いところでは灌水量を多くして流亡させる。塩基バランスを適正にする	
	マグネシウム	苦土肥料の施用を控える。透水性の良いところでは灌水量を多くして流亡させる。塩基バランスを適正にする	

（次ページへつづく）

対策 障害区分		土壌対策（施用量は kg/10a）	葉面散布対策
過　剰	イオウ	経根的過剰吸収については余り知られていない。開発農用地や干拓地などではパイライト（FeS$_2$）のように易酸化性イオウを多量に含む粘土が出現することがあり，これが空気に触れて酸化すると容易に硫酸を生じるため，土壌は非常に強い酸性を示し，植物に被害を与えるので，多量の石灰質資材を投入し，土壌反応を矯正する	前頁と同じ
	鉄	土壌が酸性の場合は石灰資材などアルカリ資材の施用により，土壌 pH を適正な範囲に改善する。排水対策を実施し，過湿にならないように水分管理を行ない，土壌を酸化状態に保つ	
	マンガン	アルカリ性資材を施用し，土壌pHを上げて不溶化する。還元化している場合は排水を良くし酸化状態にする	
	銅	石灰質肥料などアルカリ資材を施用し，土壌のpHを上げ，銅の不溶化を図る。有機物を施用すると銅の毒性が弱まるので，有機物を施用する	
	亜　鉛	石灰質肥料を施用し，土壌のpHを上げ，亜鉛の不溶化を図る	
	ホウ素	透水性の良いところでは多量に灌水し流亡させ，アルカリ資材を施用して土壌反応を上昇させる。また耐ホウ素性の強い作物を栽培する	
	モリブデン	土壌反応を酸性領域に移行させ，モリブデンを不溶化する	

要素欠乏対策資材例（2018年5月時点）

◆ ◆ ◆ ◆ ◆

種類／資材名／特徴／メーカー／対応する欠乏要素

要素欠乏対策資材例（2018年5月時点）

種　類	資材名	特　徴
葉面散布	ボロンセブン粉	水溶性なので施用すると即溶解し吸収がよい
葉面散布	パワフルグリーン1号／パワフルグリーン2号	微量要素欠乏予防・回復に
葉面散布	ヨーヒK22	生育促進用
葉面散布	葉面散布 元気一番	初期生育促進，樹勢回復に。肥大・増収・品質向上に
葉面散布	トップスコア・エヌ	亜リン酸・カリ・苦土に加え，少量のチッソを配合することで樹勢を保ち，かつ開花・肥大の充実など健全生育促進
葉面散布	メリット青（7—5—3）	生育促進，葉色改善が期待
葉面散布	メリット黄（3—7—6）	着果促進，果実・根茎肥大（花芽分化）
葉面散布	アミノメリット特青（12—3—3）	生育不良時や樹勢の弱いときに
葉面散布	アミノメリット青（7—4—3）	樹勢の弱い場合や葉菜類の葉色改善などに
葉面散布	アミノメリット黄（3—5—5）	生育促進，交配促進，肥大促進，品質向上などに
葉面散布	神協ビビッドレッド／神協ビビッドグリーン	海藻エキス，魚肉アミノ酸にチッソ・リン酸・カリ・苦土を加えた液肥
葉面散布	アミクロ	低分子アミノ酸含有。プロリンなどアミノ酸効果で，作物の開花，結実，品質向上
葉面散布	海神	海藻エキスと鰹エキスの混合液＋カルシウム，ホウ素，各種多量要素・微量要素。究極の葉面散布剤
葉面散布	葉面さんアミノ	多様なチッソ形態とキレート微量要素を含有
葉面散布	新活性素	魚肉抽出物にチッソ・リン酸・カリを加えた液肥
葉面散布	マイコラゲン	有機由来チッソが51.3％（アミノ酸）プラス微量要素の効果
葉面散布	ベスト2	海藻エキスと魚肉抽出物にチッソ・リン酸・カリを加えた液肥
葉面散布	カメガード	穀物やダイズなどを嫌気性菌で発酵熟成させたアミノ液肥。果実増大・着色向上・登熟向上。畑の生育環境向上に
葉面散布	アミノマリーン	有機100％アミノ酸・核酸液肥（鰹100％エキス）
葉面散布	葉希肥1号（液状複合肥料）	カルシウム，マグネシウムを水溶化させ，微量要素を濃縮させた多成分型液状肥料
葉面散布	スーパーノルチッソ	完全水溶性で，液肥・葉面散布・養液栽培に最適
葉面散布	ヨーヒ2号	マンガン，鉄欠乏対策に
葉面散布	グリーンイエロー	液剤で手軽に使用でき，含有しているチッソと相乗的に植物が健全に生育
葉面散布	鉄腕	鉄欠乏対策の葉面散布
葉面散布	アミノベスト	完全植物性アミノ酸（ダイズ由来）液肥。栄養生長型の葉面散布剤。根の伸長促進・初期生育向上，着花向上・樹勢維持などに効果あり
葉面散布	葉友	約20種類のアミノ酸を高濃度に濃縮した作物生理活性剤
葉面散布	カルマグホウ素－PK	ホウ素欠乏・苦土欠乏・カルシウム欠乏が出やすい作物の専門液肥
葉面散布	カルビタMPK	苦土・リン酸・カリ＋微量要素入り。発泡性有機酸カルシウム
葉面散布	カルビタPK	リン酸，カリ＋微量要素入り。自然にやさしい発泡性有機酸カルシウム資材
葉面散布	カルビタα	自然にやさしい微量要素入り・発泡性・ブドウ糖添加・有機酸カルシウム
葉面散布	ヨーヒB5	開花結実促進用
葉面散布	ビーワン2号	ミカン着色アップ
葉面散布	パワフルグリーン3号	葉物・果樹全般に
葉面散布	スーパーP	徒長防止や生理転換期に使用。リン酸の効果プラス微量要素の効果
葉面散布	色一番E	徒長防止，着色増進，糖度アップに
葉面散布	トップスコア・リン	植物の吸収しやすい亜リン酸を使用。カリと苦土をバランスよく配合し，チッソ代謝や光合成のエネルギー源として働き，開花・肥大の充実などを期待
葉面散布	トップ	10％のリン酸を配合，糖度・着色促進に
葉面散布	メリット赤（0—10—9）	成熟促進，徒長抑制，花芽分化
葉面散布	葉面さんマリン	リン酸やカリのほか，海水中の数十種類の微量要素を含有
葉面散布	ピカイチエース	リン酸・カリ中心の葉面散布肥料
葉面散布	みつ一番	リンゴの蜜入りと着色向上に。発泡性で溶けやすい粉状液肥
葉面散布	カルビタP	リン酸＋カルシウム＋微量要素入り。発泡性・ブドウ糖添加・水溶性有機酸カルシウム資材。着色増進に
葉面散布	ヨーヒP12	花芽分化，熟期促進
葉面散布	ハイピーマグ	リン酸・カリ・苦土・ホウ素をバランスよく補給することで，樹勢・収量・品質を良好に。液体のため，使いやすく作業効率が向上
葉面散布	Pマグ	リン酸・苦土を強化した総合微量要素入りの葉面散布肥料

メーカー	対応する欠乏要素											
	チッソ	リン	カリウム	カルシウム	マグネシウム	ホウ素	マンガン	イオウ	鉄	亜鉛	銅	モリブデン
コーエー	●	●	●		●	●	●		●	●	●	●
片倉コープアグリ	●	●	●		●	●	●		●	●	●	●
日液化学	●	●	●		●		●		●	●	●	●
ロイヤルインダストリーズ	●	●	●		●				●	●		●
晃栄化学工業	●	●	●		●							
生科研	●	●	●							●	●	●
生科研	●	●	●							●		●
生科研	●	●	●							●		
生科研	●	●	●							●		
生科研	●	●	●							●		
神協産業	●	●	●		●							
玉名化学	●	●	●									
ロイヤルインダストリーズ	●	●		●		●						
内海工業	●	●										
神協産業	●	●	●									
ジャット	●	●										
神協産業	●	●	●									
ロイヤルインダストリーズ	●	●										
ロイヤルインダストリーズ	●		●									
吉澤石灰工業	●			●	●							
明京商事	●			●								
日液化学	●				●		●		●	●	●	●
コーエー	●				●							
晃栄化学工業	●								●			
晃栄化学工業	●									●	●	
根友	●											
ロイヤルインダストリーズ		●	●	●	●	●			●	●		●
ロイヤルインダストリーズ		●	●	●	●							
ロイヤルインダストリーズ		●	●	●						●		●
ロイヤルインダストリーズ		●	●	●						●		
日液化学		●	●		●	●	●		●	●	●	●
晃栄化学工業		●	●		●		●		●	●	●	●
片倉コープアグリ		●	●		●		●		●	●	●	●
ジャット		●	●		●	●	●					
ロイヤルインダストリーズ		●	●		●				●	●		●
晃栄化学工業		●	●		●							
玉名化学		●	●						●			
生科研		●	●							●	●	●
内海工業		●	●									
コーエー		●	●									
ロイヤルインダストリーズ		●		●		●			●	●	●	●
ロイヤルインダストリーズ		●		●						●		
日液化学		●		●								
晃栄化学工業		●	●		●	●						
根友		●			●		●					

◆ 244 — 要素欠乏対策資材例

種 類	資材名	特 徴
葉面散布	ロイヤルシリカMG	多孔質乾燥促進資材。花かす除去に。葉面・果面が乾燥するため，病原菌の生育に不適な環境づくりに
葉面散布	リンクエース	高含有リン酸マグネシウム
葉面散布	トップスコア・マグ	亜リン酸にマグネシウムを多く配合しリンとマグネシウムの相互吸収効果を促し，光合成を盛んに。開花・肥大の充実など健全生育も
葉面散布 土壌施用	ケルパック262（液）	南アフリカ産巨大海藻エキスにチッソ2%，リン酸6%，カリ2%を添加した肥料入り海藻エキス
葉面散布	アシスト	亜リン酸・納豆菌を含む葉面散布肥料
葉面散布	ピーエムビー	ホウ素入りリン酸マグネシウム葉面散布
葉面散布	エイトビー	液体の商品でホウ素8%の高濃度ホウ素含有。欠乏対策はもちろん，微量要素の補給に
葉面散布	西酵ケルプパウダー	100%カナダの北大西洋で育った栄養豊富な海藻をパウダー状にした植物活性剤
葉面散布	はつらつKさん	液体ケイ酸カリ肥料。細胞や体質の強化に
葉面散布	カリサポート	カリを25%含有したカリ補給葉面散布剤。使いやすい液体の中性タイプ。作物のカリ欠乏の出やすい状況下で予防的かつ軽減目的に利用
葉面散布	カカラン	液体ケイ酸カリ肥料。細胞や体質の強化に
葉面散布	KSK28	液体ケイ酸カリの葉面散布
基肥　追肥	ストロングバランス	カルシウム，苦土に加えて微量要素を含むカルシウムベースのオールインワンのミネラル肥料
基肥	マリンハート	海水中のミネラルを豊富に含有しているカリ苦土肥料
基肥	セルカ2号	マグネシウム欠乏に効果が期待できるカキがら肥料
基肥	シェルミン	フミン酸30%添加し，果樹など樹木に適した資材
基肥	シェルマグ	高成分の石灰を含む商品
基肥	苦土セルカフミン	マグネシウム欠乏に効果が期待できるフミン酸入りカキがら肥料
葉面散布	ハイカルック	カルシウムの吸収・移行を促進するホウ素を配合
葉面散布	カルアップ	液状カルシウム剤。カルシウム・ホウ素の補給に
基肥	ミネカル（砂状）	畑作の酸性改良と微量要素の補給に効果的。長期間少しずつじっくり効く
基肥　追肥	畑のカルシウム	土壌への浸透性が高く，下層土の改良に役立つとともに作物に効率的に吸収
葉面散布	カルビタ	自然にやさしい発泡性有機酸カルシウム資材。微量要素入り
葉面散布	カルケア	カルシウム，微量要素の補給に
葉面散布	葉希肥2号（カルシウム肥料）	カルシウムを水溶化させ，微量要素を加えた液状肥料
基肥	フミングアノ粒剤	天然有機100%リン酸・カルシウム肥料
葉面散布	ビタカルシウム	発泡性有機酸カルシウム剤。リンゴのサビ・UVカット
葉面散布	バイカルティ	高分子カルシウムを配合することにより，吸収効率・乾燥速度を高めたほかにはない新しいカルシウム剤
葉面散布	徳用スイカル	有機酸（蟻酸）カルシウムの葉面散布剤
基肥	粒状サンライム	サンライムを円形粒状にした土壌改良材
基肥	セルカフミン	カキがら肥料にフミン酸を加えた商品
基肥	セルカ	カキがらを100%原料にした土にやさしい動物質の石灰
葉面散布	スーパーフォーミック	カルシウムの補給だけでなく，薬液の付着性向上や乾燥促進，植物の健全生育・抵抗性増長の副次効果をもたせた新しい酸性タイプのカルシウム肥料
葉面散布	スイカル	カルシウムの補給により，さまざまな生理障害の防止・軽減
葉面散布	ジャットカル	有機酸カルシウムとして20%含有。弱酸性で使いやすく吸収されやすい
基肥	サンライム	カキがら石灰，海水中のミネラルを多く含有
葉面散布	サンバリア	カルシウムによる作物細胞の強化に加え，高分子カルシウム・ポリフェノールの効果で果皮障害を軽減。混用薬液の付着性向上や乾燥速度促進
基肥	コーラル	ミネラル豊富な炭酸カルシウム
葉面散布	カルプラス	有機キレートカルシウムを有効成分とし，カルシウムが不足する部位へ効率的に吸収され欠乏症状を予防
葉面散布	カルパワー	有機酸カルシウムの葉面散布剤
葉面散布	カルハード	有機キレートカルシウムを有効成分とし，カルシウムが不足する部位へ効率的に吸収され欠乏症状を予防
葉面散布	カキパック	カキがらのカルシウムとミネラルが植物の生育を助ける

メーカー	対応する欠乏要素											
	チッソ	リン	カリウム	カルシウム	マグネシウム	ホウ素	マンガン	イオウ	鉄	亜鉛	銅	モリブデン
ロイヤルインダストリーズ		●			●				●			
晃栄化学工業		●			●							
晃栄化学工業		●			●							
ロイヤルインダストリーズ	●	●	●									
JA東日本くみあい飼料		●										
晃栄化学工業		●	●		●	●						
晃栄化学工業			●			●			●	●		
コーエー			●									
朝日工業			●									
晃栄化学工業			●									
ジャット			●									
晃栄化学工業			●									
片倉コープアグリ				●	●			●				
コーエー			●	●	●							
卜部産業				●	●							
吉澤石灰工業				●	●							
吉澤石灰工業				●	●							
卜部産業				●	●							
晃栄化学工業				●		●						
玉名化学				●		●						
産業振興				●			●		●			
片倉コープアグリ				●				●				
ロイヤルインダストリーズ				●					●	●		●
玉名化学				●					●			●
吉澤石灰工業				●								
ロイヤルインダストリーズ		●		●								
ロイヤルインダストリーズ				●								
晃栄化学工業				●								
晃栄化学工業				●								
コーエー				●								
卜部産業				●								
卜部産業				●								
晃栄化学工業				●								
晃栄化学工業				●								
ジャット				●								
コーエー				●								
晃栄化学工業				●								
高崎化成				●								
OATアグリオ				●								
村樫石灰工業				●								
OATアグリオ				●								
丸栄				●								

◆ 246 — 要素欠乏対策資材例

種　類	資材名	特　徴
葉面散布	液体ハイカルック	液体で使いやすいカルシウムの葉面散布剤
葉面散布	アクアカル	葉面吸収と植物体内移行に優れた有機酸キレートカルシウム
基肥	粒状FBM	微量要素資材
基肥	マグマンB	水溶性なので施用すると即溶解し吸収がよい
基肥	ハイボロンB－15号粒	く溶性のホウ素質肥料，ゆっくりとした肥効が特徴
基肥　追肥	硫マグ25	速効性苦土補給肥料。施肥後すばやく効果が期待
葉面散布	マグミー（硫マグ）	葉面散布にも土壌施用にも使える新タイプの硫酸マグネシウム
葉面散布	葉面マグ	速やかに水に溶け，速やかな効果発現が期待
基肥　追肥	天然硫マグ24	速効性苦土補給肥料。施肥後すばやく効果が期待
葉面散布	グリーンメルティー	水に速く溶け，速く効く硫酸マグネシウム。苦土欠乏症が現われた際の応急処置に利用可
基肥　追肥	被覆硫酸マグネシウム	溶脱しやすい水溶性苦土である硫酸マグネシウムを被覆し溶出をコントロールするため効率的
基肥	天然苦土ニューエコマグ	緩効的肥効を目的とした苦土肥料
基肥　追肥	マルチサポート1号／マルチサポート2号	微量要素を含む総合ミネラル入り苦土肥料
追肥	マグゴールド	海水中のミネラル含有，水酸化苦土肥料
追肥	マグコープ（苦土過石）	リン酸と苦土を含んだ肥料
基肥	複合バランス特号	土壌改良・粒状
葉面散布	バイオグッド	速やかに水に溶け，速やかな効果発現が期待
基肥	天然苦土ニューエコマグ	水溶性マグネシウム3.0を保証し緩効性でゆるやかに肥効が持続
基肥	スーパーマグ33－11	速効性と緩効性を兼ね備え，長期的な肥効が期待
葉面散布	苦土ゲット	苦土を主体とした微量要素葉面散布肥料
葉面散布	エキタイマグ	液体の商品でマグネシウム11%の高濃度
葉面散布	アクアマグ	液体のマグネシウム肥料
葉面散布	クロロゲン特号	あらゆる作物の微量要素欠乏に。土壌pH上昇時の微量要素欠乏に
基肥	アグリエースE-12号顆粒／アグリエースE-10号粉	保証成分のマンガン・ホウ素に加え，効果発現促進材として亜鉛，銅を添加したマルチ肥料
基肥	アグリエースH11号粒	効果発現促進材の銅添加
基肥	ミネラス粒／ミネラス粉／ミネラス顆粒	水稲用微量要素肥料として開発。マンガン，ホウ素の比率が3：1
基肥	アグリエースFe－41号	く溶性微量要素とキレート鉄の効果が有効。pH上昇による鉄欠乏対策などに使用
基肥	FTE粒／FTE粉／FTE顆粒	6つの微量要素がゆっくりした肥効を示す。作物にやさしい肥料
基肥	アグリエースK－21号粒	保証成分のマンガン・ホウ素に加え，効果発現促進材として亜鉛，銅を添加したマルチ肥料。コンニャクなどに有効
基肥	ほう酸塩	ホウ素欠乏による生育障害の回復と予防に有効な葉面散布液
葉面散布	プラスB	ホウ素54%と非常に高いホウ素補給葉面散布剤。ホウ素欠乏対策のほか「スイカル」「バイカルティ」などカルシウム肥料との混用でカルシウム吸収アップ
葉面散布	36ほう酸塩肥料	ホウ素欠乏に対して速効的な効果を示す
基肥	ミネパワーSL	速効性の水溶性微量要素肥料（銅，亜鉛低タイプ）
基肥	ミネラックス／ミネラックスB／ミネラックスC	速効性の水溶性微量要素肥料
基肥	ミネパワーS	速効性の水溶性微量要素肥料
基肥	ミネパワーC	速効性の水溶性微量要素肥料（銅抜きタイプ）
基肥	ミネパワーBC	速効性の水溶性微量要素肥料（ホウ素，銅抜きタイプ）
基肥	ミネパワーB	速効性の水溶性微量要素肥料（ホウ素抜きタイプ）
基肥	硫酸マンガン肥料	マンガン欠乏に対して速効的な効果
基肥	ミネパワーBZ	速効性の水溶性微量要素肥料（ホウ素，亜鉛抜きタイプ）
基肥	マンキチ30号粒	く溶性マンガンのため肥効が長く続く。使いやすい粒タイプ
基肥	マンキチ30号粉	く溶性マンガンのため肥効が長く続く
葉面散布	液体マンガン肥料	硫酸マンガンの液肥
葉面散布	メリットM	生育中の微量要素補給
葉面散布	霜ガード	シリカのふとん効果およびブドウ糖・肥料成分の栄養効果の相乗効果で凍霜害予防
基肥	ミネパワーM	速効性の水溶性微量要素肥料（マンガン抜きタイプ）

メーカー	対応する欠乏要素											
	チッソ	リン	カリウム	カルシウム	マグネシウム	ホウ素	マンガン	イオウ	鉄	亜鉛	銅	モリブデン
晃栄化学工業				●								
日液化学				●								
朝日工業					●	●	●					
コーエー					●	●	●					
東罐マテリアルテクノロジー					●	●			●			
ナイカイ商事					●			●				
ロイヤルインダストリーズ					●			●				
ナイカイ商事					●			●				
ナイカイ商事					●			●				
兼松アグリテック					●			●				
ジェイカムアグリ					●			●				
ナイカイ商事					●							
小野田化学					●							
コーエー					●							
片倉コープアグリ		●			●							
片倉コープアグリ					●							
ナイカイ商事					●							
兼松アグリテック					●							
ナイカイ商事					●							
JA東日本くみあい飼料					●							
晃栄化学工業					●							
日液化学					●							
玉名化学						●	●		●	●	●	●
東罐マテリアルテクノロジー						●	●		●	●	●	
東罐マテリアルテクノロジー						●	●		●		●	
東罐マテリアルテクノロジー						●	●		●			
東罐マテリアルテクノロジー						●	●		●			
東罐マテリアルテクノロジー						●	●		●			
東罐マテリアルテクノロジー						●	●			●	●	
兼松アグリテック						●						
晃栄化学工業						●						
東罐マテリアルテクノロジー						●						
生科研							●		●			
生科研							●			●		
生科研							●			●		
生科研							●			●		
生科研							●			●		
生科研							●			●		
東罐マテリアルテクノロジー							●					
生科研							●					
東罐マテリアルテクノロジー							●					
東罐マテリアルテクノロジー							●					
東罐マテリアルテクノロジー							●					
生科研										●		
ロイヤルインダストリーズ										●		
生科研											●	

著 者 略 歴

清水　武（しみず たけし）

1944年大阪府生まれ。1969年大阪府立大学農学部卒業後，2005年まで大阪府立食とみどりの総合技術センターに勤務し，主に土壌肥料関係の研究に従事。1986年に「作物の栄養診断技術に関する研究」で学位（農学博士）を取得。1995年に「農作物の栄養診断技術の確立」に関する研究で全国農業関係試験研究場所長会より研究功労賞受賞。2005年から2011年まで全農大阪肥料農薬事業所（その後，近畿・東海肥料農薬事業所に名称変更）技術主管として勤務。2012年から大阪農業大学校の非常勤講師，現在に至る。この間，2014年より2017年まで日本土壌協会の土壌医検定委員。また，2015年より全農のインターネットによる作物の要素障害診断システム構築に協力。2018年に「作物の養分ストレスに関する研究」で日本土壌肥料学会技術賞を受賞。

主な著書

緑化植栽工の基礎と応用（土質工学会編，分担執筆，1981）
大阪における緑化用樹の病害虫と生理障害（黒田緑化事業団編，分担執筆，1983）
原色菊の病害虫防除（国華園出版部，分担執筆，1990）
原色要素障害診断事典（農文協，1990。海外版：韓国園芸技術情報，1993）
植物病理学事典（日本植物病理学会編，分担執筆，養賢堂，1995）　など

JA 全農肥料農薬部

JA全農の肥料農薬に関する購買・供給を行なう部門であり，農家の適正施肥実現のため土壌診断事業や適正施肥の推進，肥料農薬技術に関する新技術・新品目の普及支援・人材育成支援，肥料品質管理など多岐にわたる業務を担っている。

新版　要素障害診断事典

2018年7月15日　第1刷発行

著　者　清水　武
　　　　JA全農肥料農薬部

発行所　一般社団法人　農山漁村文化協会
〒107-8668　東京都港区赤坂7—6—1
電話　03(3585)1141(代表)　03(3585)1147(編集)
FAX　03(3585)3668　　振替　00120-3-144478
URL　http://www.ruralnet.or.jp/

ISBN978-4-540-17166-6　　　DTP製作／(株)農文協プロダクション
〈検印廃止〉　　　　　　　　印刷・製本／凸版印刷(株)
©清水武・JA全農肥料農薬部2018　定価はカバーに表示
Printed in Japan

乱丁・落丁本はお取り替えいたします。